高等职业技术院校染整技术专业教材

前处理技术

王树根　主编
刘洁宇　副主编
张冀鄂　主审

中国劳动社会保障出版社

图书在版编目(CIP)数据

前处理技术/王树根主编. -- 北京：中国劳动社会保障出版社，2018
高等职业技术院校染整技术专业教材
ISBN 978-7-5167-3397-4

Ⅰ.①前… Ⅱ.①王… Ⅲ.①染整－前处理－高等职业教育－教材
Ⅳ.①TS19

中国版本图书馆 CIP 数据核字(2018)第 139791 号

中国劳动社会保障出版社出版发行
（北京市惠新东街 1 号　邮政编码：100029）
*
三河市潮河印业有限公司印刷装订　新华书店经销
787 毫米×1092 毫米　16 开本　9 印张　186 千字
2018 年 8 月第 1 版　　2018 年 8 月第 1 次印刷
定价：19.00 元

读者服务部电话：（010）64929211/84209101/64921644
营销中心电话：（010）64962347
出版社网址：http://www.class.com.cn
http://zyjy.class.com.cn

简　　介

本教材为高等职业技术院校染整技术专业教材。染整在纺织品加工中属后加工环节，是借助机械设备通过一定的整理方法（如物理法、化学法、物理化学法等）对纺织品进行深、精加工的处理过程，包括前处理、染色或印花、整理等。前处理的目的是去除纤维所含的天然杂质及在纺织加工中沾上的浆料和油污等，即使纤维呈现优良品质，即使织物洁白、柔软，具有良好的渗透性，以满足服用要求，并为染色、印花、整理提供合格的半成品。

本教材根据岗位实际需求、教学实际条件编写，主要内容包括棉织物的前处理、麻纤维制品的前处理、羊毛纤维制品的前处理、蚕丝纤维制品的前处理、化纤及其混纺织物的前处理、特殊品种的前处理等。教材配有技能训练、思考与练习，供学生练习和实践，以巩固所学内容。有的节还配有知识拓展，以延展相关理论知识。

本教材由江南大学王树根任主编，成都纺织高等专科学校刘洁宇任副主编，江门职业技术学院夏德慧、巫若子参加编写，由荆州职业技术学院张冀鄂任主审。

CONTENTS 目录

绪　论

前处理是纺织品染整加工的第一道工序。前处理的目的是去除纤维所含的天然杂质以及在纺织加工中沾上的浆料和油污等，使纤维充分发挥其优良品质，使织物洁白、柔软并具有良好的渗透性，以满足服用要求，并为染色、印花、整理提供合格的半成品。

一、前处理的过程

1. 棉织物的前处理

棉织物的前处理，包括原布准备、烧毛、退浆、煮练、漂白、丝光等工序，去除纤维中的果胶、蜡质、棉籽壳和浆料等杂质，以提高织物的外观和内在质量。

（1）原布准备。纺织厂织好的布称原布或坯布，原布准备包括原布检验、翻布（分批、分箱、打印）和缝头。

（2）烧毛。一般棉织物在前处理时都先要烧去布面上的绒毛，使布面光洁，并防止在染色、印花时因绒毛造成染色和印花疵病。织物烧毛时，平幅织物迅速地通过火焰或擦过赤热的金属表面，这时布面上存在的绒毛很快升温燃烧。而布身因比较紧密而升温较慢，布身在未升到着火点时，即已离开了火焰或赤热的金属表面，这样既烧去绒毛，又不使织物损伤。烧毛质量评定分五级，一般织物要求3～4级，质量要求高的织物要求4级甚至5级，稀薄织物达到3级即可。另外，必须均匀烧毛，否则经染色、印花后的织物便会因呈现色泽不匀而需重新烧毛。

（3）退浆。织物织造前，经纱一般都要经过上浆处理（经纱在浆液中浸轧后，再经烘干），使纱中的纤维黏着抱合起来，并在纱线表面形成一层薄膜以便于织造。棉织物一般用淀粉或变性淀粉类浆料、聚乙烯醇类浆料和聚丙烯酸类浆料上浆，在浆液中还加有润滑剂、柔软剂、防腐剂等助剂。经纱上浆率的高低因品种不同而有一定的差异，通常是纱支细、密度大的织物的经纱上浆率高些。一般织物的上浆率在10%左右，而线织物（如线卡）可不上浆或上浆率在1%以下。退浆是织物前处理的基础，退浆时必须去除原布上的大部分浆料，同时去除了部分天然杂质以利于煮练和漂白加工。常用的退浆方法有酶、碱、酸和氧化剂退浆等，可根据原布的品种、浆料组成情况、退浆要求和工厂设备选用适当的退浆方法。退浆后，必须及时用热水洗净织物。因为淀粉的分解产物等杂质会重新凝结在织物上而严重妨碍后续加工过程。

（4）煮练。即精练。棉织物经过退浆后，大部分浆料及部分天然杂质已被去除，但棉纤维中的大部分天然杂质，如蜡状物质、果胶物质、含氮物质、棉籽壳及部分油剂和少量浆料等还残留在棉织物上，使棉织物布面较黄、渗透性差及不能适应染色、印花加工的要求。为了使棉织物具有一定的吸水性，以利于印染过程中染料的吸附、扩散，在退浆以后，还要通过煮练去除棉纤维中大部分残留杂质。

（5）漂白。棉织物煮练后，杂质明显减少，吸水性有很大改善。但由于纤维上还有天然色素存在，其外观尚不够洁白。除少数品种外，一般还要经过漂白，否则会影响染色或印花色泽的鲜艳度。漂白的目的是破坏纤维中的天然色素、赋予织物必要且稳定的白度，同时保证纤维不受到明显的损伤。棉纤维中天然色素的结构和性质目前尚不完全明确，但其共轭结构的发色体系在漂白过程中能被氧化剂或还原剂破坏而达到消色的目的。目前用于棉织物的漂白剂主要有次氯酸钠。过氧化氢和亚氯酸钠。其工艺分别简称为氯漂、氧漂和亚漂。使用上述漂白剂漂白时，必须严格控制工艺条件，否则纤维会因氧化而受到损伤。

（6）丝光。丝光通常指棉织物在一定张力作用下，经浓烧碱溶液处理，并保持所需要的尺寸，结果使织物获得丝一般的光泽。经过丝光后，棉织物的强度、延伸度和尺寸稳定性等性能有不同程度的变化，纤维的化学反应性能和对染料的吸附性能也得到提高。因此，丝光已成为棉织物染整加工的重要工序之一，绝大多数的棉织物在染色前都要经过丝光处理。碱缩是棉制品在松弛状态下用浓烧碱溶液处理，其目的是增加织物的组织密度，并使织物富有弹性，但不能提高织物的光泽。碱缩多用于棉针织物。

2. 麻织物的前处理

苎麻和亚麻是常用的麻纤维，可通过纯纺加工成麻织物。麻织物制成成衣后具有吸湿和散湿快、不贴身、透气、凉爽的特点，可广泛用于服装和家纺等领域。

麻织物的练漂与棉织物的练漂相似，由烧毛、退浆、煮练、漂白和半丝光等工序组成。

所谓半丝光是丝光碱浓度低于棉织物丝光碱浓度。由于麻纤维的结晶度和取向度高于棉，其吸附染料的能力比棉低得多。通过半丝光可明显提高纤维对染料的吸附能力，从而提高染料的上染率。如果同棉织物一样进行常规丝光，麻纤维的渗透性大大提高，染料易渗透入纤维内部，使麻织物表观得色量降低。关键问题是织物强度下降，影响织物手感，效果反而不好，这也是麻织物丝光工艺与棉织物的不同之处。

3. 羊毛的前处理

从绵羊身上剪下来的羊毛称为原毛。原毛中含有大量的杂质，通常杂质约占原毛重的40％～50％。原毛中的杂质可分为天然杂质和附加杂质两类，天然杂质主要为羊身上的分泌物羊脂和羊汗，附加杂质主要为草屑、草籽及砂土等。羊毛的前处理，包括选毛、洗毛和炭化工序，就是对不同质量的原毛进行区分，然后采用机械与化学的方法去除原毛中的羊脂、羊汗、尘土和植物性杂质等各种杂质，使它成为符合毛纺生产要求的羊毛纤维。这个前处理是羊毛的初步加工，前处理完成后羊毛才进入毛纺织厂进行纺织加工。

羊毛织物染整意义上的前处理是羊毛染色前的加工，散毛、毛条染色前不进行其他染整加工。毛织物染色前的染整加工在行业里叫毛织物湿整理，包括坯布准备、烧毛、炭化（如果植物性杂质多）、洗呢、煮呢、缩呢、漂白等主要工序，根据产品风格不同，不采用固定的工艺流程，选择适合产品风格特征的加工工序。毛织物主要有粗梳产品和精梳产品两大类，其前处理的特点是间歇式加工。

4. 丝织物的前处理

丝织物前处理是以脱胶为主的，以去除生丝中的大部分丝胶、色素和其他杂质。蚕丝织物的杂质主要是纤维本身固有的丝胶及油蜡、无机物、色素等。此外，还有在络丝前浸渍处理所加入的浸渍助剂，为识别捻向所用的着色染料和操作过程中沾上的油污等。这些天然杂质和附加杂质的存在不仅有损于丝织物柔软、光亮、洁白的优良品质，影响服用性能，而且还使坯绸很难被水及染化料溶液所润湿，妨碍印染加工。坯绸精练的目的主要是去除丝胶，同时附着在丝胶上的杂质也一并除去。因此，蚕丝织物的精练又称为脱胶。

桑蚕丝所含的天然色素很少，而且大部分存在于丝胶中，所以桑蚕丝织物在脱净丝胶后已很洁白，一般无需漂白处理。但在实际生产中，桑蚕丝织物不适宜完全脱胶且脱胶工艺条件较难控制，因此对白度要求较高的产品在精练后还要漂白甚至增白。柞蚕丝的色素含量较高，其色素不但存在于丝胶中，而且还存在于丝素中。即使丝胶脱净，也不能完全将色素去除。因此，柞蚕丝织物脱胶后必须经过漂白才能获得洁白的白度。

5. 化学纤维织物的前处理

化学纤维织物一般不含天然杂质，只有浆料、油污等杂质，因此前处理工艺较简单。混纺和交织织物的前处理要满足各自前处理加工的要求。

（1）再生纤维素纤维织物的前处理

1）粘胶纤维织物的前处理。粘胶纤维的物理结构较天然纤维松弛，因此化学敏感性较大，湿强度较差，且易产生变形。在加工时，不能应用过分剧烈的工艺条件。同时要采用松式设备，以免织物受到损伤和发生形变。

粘胶纤维织物的精练漂白（简称“练漂”）加工工序与棉织物基本相同，一般需烧毛、退浆、煮练、漂白等，但粘胶纤维织物烧毛条件应缓和。粘胶纤维织物一般多用以淀粉为主的浆料上浆。淀粉浆料有各种退浆方法，但因粘胶纤维对化学试剂的稳定性较棉纤维差，所以宜采用淀粉酶退浆。纯粘胶纤维织物一般不需要煮练，必要时可用少量纯碱或肥皂轻煮。如果粘胶纤维织物上有化学浆料，则可把退浆、煮练合在一起。粘胶纤维织物经退浆、煮练后已有较好的白度，一般不需漂白。如要求较高的白度，可用次氯酸钠、过氧化氢及亚氯酸钠漂白，其漂白方式与棉织物基本相同。粘胶纤维织物有光泽，但耐碱性差，因此一般不需要丝光处理。如与棉混纺，练漂时应采用无张力机械，如绳状松式浸染机。

2）莱赛尔（Lyocell）纤维织物的前处理。莱塞尔纤维为新一代绿色再生纤维素纤维，纤维湿模量高，易于原纤化，在染整加工中易产生死折痕、擦伤、露白等疵病。因此，对莱赛尔纤维织物来说，原纤化的控制是染整加工成败的关键。在前处理过程中有时需采用专门的防原纤化助剂进行处理。

莱赛尔纤维织物的前处理工艺流程：烧毛→碱氧一浴法退浆→原纤化→纤维素酶处理。

莱赛尔纤维本身无杂质，在织造过程中施加了以淀粉或变性淀粉为主的浆料，可采用酶或碱氧一浴法退浆。采用碱氧一浴法退浆时，加入的氧化剂为双氧水。双氧水不仅有退浆作用，而且对莱赛尔纤维织物还有一定的漂白作用，使后续的染色鲜艳。退浆率高有利于后续的原纤化加工。

莱赛尔纤维是一种易原纤化的纤维。所谓原纤化是微纤维沿纤维表面开裂伸出，形成相互捻接。微纤维绒毛很容易起球，严重影响织物的外观，必须均匀而彻底地去除。原纤化的目的是在松弛和揉搓状态下，将纱线内部的短纤维末端尽量释放出来。机械控制和助剂的选用是控制原纤化程度的基本手段，同时采用低浴比、升高温度、加强机械摩擦等方法均有利于原纤化。暴露出来的绒毛在以后的工序中用纤维素酶去除。原纤化加工在气流染色机中进行，织物在气流染色机中频繁不断地变换接触面。为了防止擦伤和折痕的产生，需要加入润滑剂。纤维素酶处理的目的是通过酶催化降解作用去除原纤化过程中所形成的绒毛，这一过程对生产光洁织物来说非常重要，但应该注意过度降解使织物强力受到损伤。

3）莫代尔（Modal）纤维织物的前处理。莫代尔纤维是第二代再生纤维素纤维，具有高湿模量、高强力的特点。因此，莫代尔纤维织物对染整加工设备适应性强，无特殊工艺要求。

莫代尔纤维织物的练漂加工工序与粘胶纤维织物基本相同，一般需烧毛、退浆、煮练、漂白等。由于具有高湿模量，莫代尔纤维可耐受半丝光加工。莫代尔纤维光泽很好，半丝光后能提高织物的尺寸稳定性和染色得色量。

4）竹纤维织物的前处理。竹纤维是一种新型的再生纤维素纤维。竹纤维的韧性和耐磨性较好，但强力较差，尤其是湿强力低，在染整加工中要特别注意减少其强力损伤。

竹纤维织物的前处理加工工序与粘胶纤维织物基本相同，一般需烧毛、退浆、漂白等。竹纤维由于强力低，常与棉等纤维混纺，竹/棉纤维织物一般还需要进行丝光。竹纤维表面含有微黄色素，在染浅色及鲜艳色泽前，需进行漂白处理。纯竹纤维织物的前处理一般工艺流程：烧毛→退浆→漂白。

（2）合成纤维织物的前处理。合成纤维织物的前处理会去除纤维在制造过程中所施加的油剂、织造时所黏附的油污以及机织物经纱上的聚丙烯酸酯或聚乙烯醇（PVA）等合成浆料。通常将合成纤维织物热定型工序归于合成纤维织物的前处理。

合成纤维织物的前处理主要是洗涤和退浆，白度要求极高的产品会采用双氧水、亚氯酸钠漂白或荧光增白剂增白。亚氯酸钠漂白需要注意释放出的有毒气体二氧化氯，要单独排风，注意劳动保护，同时注意腐蚀设备问题。

（3）混纺和交织织物的前处理

1）涤棉混纺和交织织物的前处理。涤纶和棉以一定比例混纺或交织，既保持了涤纶的优点，又改善了穿着不透气等缺点。通常以涤纶为主的品种叫涤/棉或T/C产品；以棉为主的品种（棉含量≥50%）的织物习惯上称为低比例涤/棉，即CVC产品。

涤棉织物的前处理工序一般包括烧毛、退浆、煮练、漂白、丝光和热定形等。

由于涤纶的燃烧温度为485℃，熔点为250～265℃，为了获得良好的烧毛效果，涤纶烧毛必须采用高温快速的方式，绒毛的温度高于485℃，但布身的温度低于180℃，落布时布身温度要低于50℃。

我国目前采用以聚乙烯醇为主的混合浆料作为涤棉混纺织物的上浆剂。在各种浆料中，聚乙烯醇浆料的退浆是比较困难的，可采用热碱退浆或氧化剂退浆。

涤棉织物因含有棉的成分，必须通过煮练去除棉纤维中的天然杂质及涤纶上的油剂。烧碱对涤纶有一定的损伤，应严格控制好工艺条件，既要使棉纤维获得良好的煮练效果，同时将涤纶的损伤限制在最低。

涤棉织物的漂白主要去除棉纤维中的天然色素。用于棉织物的漂白剂均可用于涤棉织物的漂白，其漂白的工艺条件与棉织物基本相同，但漂白剂用量相对低一些。

由于涤纶耐碱性差，不可能进行充分煮练，而漂白剂具有去杂能力，因此涤棉织物的退浆、煮练、漂白三道工序应统筹考虑，根据不同品种和加工要求采用一步、二步或三步法工艺。

漂白涤棉织物产品：亚一氧双漂工艺、碱煮一氧一氧双漂工艺。

中浅色涤棉织物：亚漂工艺、碱煮一氧漂工艺、碱煮一氧双漂工艺。

深色涤棉产品：碱煮一氧漂工艺、碱煮一氯漂工艺。

涤棉织物丝光是针对其中棉纤维组分进行的，其工艺条件基本可参照棉织物丝光。考虑到涤纶不耐碱，因此涤棉丝光时碱液浓度可适当降低一些，去碱箱的温度也低一点。

涤棉织物热定形是针对其中的涤纶组分的，其工艺条件基本上可参照纯涤纶织物的热定形。由于棉没有热塑性，涤棉织物干热缩率一般都比纯涤纶织物低。另外，高温下棉纤维易泛黄，所以涤棉织物热定形温度宜低一些。

2）粘棉混纺和交织织物的前处理。粘棉混纺和交织织物的前处理工艺随粘棉的比例不同而有差异，通常比例为粘占50%、棉占50%或粘占25%、棉占75%等。棉成分高，织物前处理工艺与棉织物相同；棉成分低，织物前处理的条件应缓和些。工艺流程一般为烧毛→退浆→煮练→漂白→丝光。烧毛时，如粘胶纤维比例大，烧毛速度要稍快一些。粘棉织物一般上淀粉浆料，由于粘胶纤维对酸、碱稳定性差，所以多采用酶退浆。粘棉织物需煮练去除棉纤维上的天然杂质。棉纤维比例高的可用烧碱进行低压煮练，压力为0.078 4～0.098 MPa；棉纤维比例低的可采用烧碱和纯碱的混合碱剂进行开口煮练。粘棉织物一般用次氯酸钠漂白，漂白工艺可参照棉织物的漂白工艺。丝光时，由于粘胶纤维的耐碱性差，碱液浓度应适当降低。

3）涤粘中长混纺和交织织物的前处理。中长纤维织物混纺比例：一般涤粘织物为涤占65%、粘占35%，或涤占70%、粘占30%；涤腈织物为涤占60%、腈占40%，涤占65%、腈占35%，或涤占50%、腈占50%；涤腈粘织物为涤占50%、腈占33%、粘胶纤维占17%。由于化学纤维含杂质较少，所以中长化纤织物的前处理工艺比较简单，只需要进行烧毛、退浆、煮练、定形等工艺。其总的要求是既“简”又“松”，即工艺简单且为松式加工。涤粘织物的前处理工艺一般采用强火快速一正一反烧毛。如果烧毛不匀，将导致染色时上染不匀。采用高温高压染色的织物最好采用染后烧毛。烧毛后直接用过氧化氢进行一浴法前处理，其结果是不但退浆率高，而且还有煮练和漂白作用。退煮后在松式烘燥设备上烘干，再在SST短环烘燥热定形机上，在190℃适当超喂条件下进行热定形。

绒类织物、色织物和针织物的前处理主要去除杂质，其工艺与一般棉织物前处理既有相似之处，又有其各自的特殊要求。

二、前处理的重要性

织物前处理工序是染整生产过程中的基础工序，它对稳定和提高后道工序（染色、印花等）的产品质量、满足客户各种不同的要求起着重要作用。印染最终产品的实物外观质量和内在质量是与前处理的效果密切相关的。前处理的要求是布面光洁、纹路清晰、织物白度均匀；要有均匀良好的吸湿性，这会影响到后续染色的匀染性、一致性、得色量和鲜艳度；控制好布面的光泽、布幅、缩水率、产品的手感、内在强力损伤等。

三、前处理工艺技术

1. 我国前处理工艺的发展

我国染整前处理工艺技术发展，经历了以下几个阶段：

20世纪60年代后期，有些地区前处理采用了不烧毛、不煮练、不丝光的工艺。

20世纪70年代，恢复了采用传统标准的退、煮、漂三步工艺。其绳状生产线：烧毛→绳状进堆布池碱退浆→绳状煮练、漂白（氯漂）联合机→布铗丝光，或烧毛→退浆→煮布锅煮练→绳状氯漂→布铗丝光；其平幅生产线：烧毛→退浆→煮练（打卷间歇式）→平幅氯漂→丝光，后改为退浆→履带蒸箱煮练→履带氧漂。

20世纪80年代初，前处理工艺采用的绳状生产工艺与20世纪70年代基本相同；其平幅生产工艺，除了采用20世纪70年代的平幅生产线，有的也采用烧毛→退浆→轧卷式汽蒸煮练→轧卷式汽蒸氯漂或氧漂。

20世纪80年代后期，前处理工艺路线有了新的发展，采用平幅退煮漂联合机：烧毛→轧酶打卷堆置退浆→水洗→R箱汽蒸轧碱煮练或履带箱汽蒸碱煮练→履带箱汽蒸氧漂→布铗丝光。

进入20世纪90年代，我国对短流程前处理进行研究试验，并将其成功用于纯棉厚重织物，其工艺流程：烧毛→轧碱氧液卷堆（16 h）→高效水洗（加碱渗透剂、净洗剂）→碱氧一浴煮漂→高效水洗→布铗丝光。也有少数单位采用卷染机或大卷装设备进行退浆、煮练二浴或退煮漂一浴，也有在溢流机上进行绳状退煮漂一浴处理（细薄平纹织物）。20 世纪 90 年代开始，中国纺织工程学会染整专业委员会先后举办了六次前处理学术讨论会，对短流程前处理新工艺进行重点推广应用，并组织有关专家针对短流程前处理工艺，特别是对冷轧堆工艺中存在的关键问题，在有关企业进行了成功的研究试验。在短流程前处理冷轧堆工艺的理论上也有了新的发展，“短流程前处理冷轧堆在轧卷堆后必须加强高温热碱处理，才能保证冷轧堆工艺产品质量”的观点被提出，短流程前处理冷轧堆工艺被划分为冷轧堆、热碱处理、高效水洗三个相互紧密衔接的阶段。冷轧堆主要完成对杂质的溶胀及氧化反应（包括漂白）；热碱处理工序主要完成对氧化产物的化学降解，加速碱水解、皂化反应及棉蜡的乳化、分散增溶的物理化学反应；高效水洗工序通过物理机械作用，将已降解、皂化、乳化、碱水解的杂质用高效水洗洗净。这三个阶段互相渗透、互相交叉成为一个整体。对棉织物及其混纺织物也可采用在履带汽蒸箱进行退煮漂一浴汽蒸法工艺。自此以后，各地不仅普遍重视了退浆工序，同时强化了热碱处理和高效水洗。过去被认为最难处理的纯棉厚重紧密织物，采用短流程前处理冷轧堆新工艺后都取得了成功，这为进一步推广应用短流程前处理新工艺，从而实现工艺条件的优化打下基础，保证了产品质量。近几年来，短流程前处理新工艺已广泛应用于各种织物的生产流程，特别是染整加工时极易引起卷边、皱条和损伤弹力的含氨纶弹性织物的前处理工序，在采用短流程前处理冷轧堆新工艺后取得了成功。随着短流程前处理工艺的进展，与之配套的前处理助剂和设备也都有了长足的进步。

2. 我国前处理设备和助剂的开发

（1）助剂开发。各地相继研究开发了各种新型适应短流程前处理工艺的环保型高效退浆剂、高效精练剂、双氧水稳定剂等前处理助剂。

（2）设备开发。各地相继开发了适应短流程前处理工艺的高效轧、洗、烘等通用单元机及优化组合，如高给液装置、组合蒸箱、高效水洗设备等；并开发了其他处理设备，如新型火口烧毛机、打卷直辊丝光机、高速直辊布铗丝光机、松堆丝光工艺和扩容一沸腾组合技术的碱回收设备等。

3. 前处理的生态加工与清洁生产

进入 21 世纪后，我国染整行业加速了采用生态染整和清洁生产的步伐，并以此作为染整行业可持续发展的重要基础。随着全球对环保的日益重视，染整行业，尤其是全棉织物前处理工艺受到很大的挑战。目前，全棉织物的前处理工艺包括传统的退、煮、漂以及短流程前的处理，都要在高温条件下采用烧碱、表面活性剂及必要的化学药品来完成去除杂质任务。而冷轧堆工艺虽是低温（常温），但采用的烧碱浓度很高。这样，相关工艺所产生的废水严重污染环境，其废碱和有些表面活性剂都较难处理。为减轻前处理工艺对环境的污染，目前世界各国都在研究开发生物酶制剂以替代传统的采用烧碱的前处理工艺和短流程前处理的碱氧工艺。随着生物工程技术的发展，生物酶制剂得到了飞速发展，特别是用于前处理的生物酶制剂的研究和开发速度更快。由于生物酶制剂有专一性、高效性、反应条件要求低、可自然降解、易洗净、水耗少、去杂效果好、对环境无害等优点，采用生物酶制剂已成为前处理工艺的发展方向。我国在20世纪90年代中期，就已开始研究生物酶制剂在前处理工艺上的应用。进入21世纪后，生物酶制剂在前处理工艺上的应用发展很快，并已取得不少经验和成就。目前已开发用于前处理的生物酶品种有淀粉酶、纤维素酶、果胶酶、脂肪酶、蛋白酶、过氧化氢酶、漆酶及葡萄糖氧化酶等。

短流程前处理新工艺也有较大进展，如以微波低温等离子体处理新技术来替代传统的前处理工艺，以及采用对生态有利的过醋酸来替代次氯酸钠漂白剂的漂白新工艺，都可得到较高的白度和较低的COD值。新的工艺还有酶—过醋酸工艺处理棉织物，过氧化氢—过醋酸工艺处理亚麻织物，超声波—过醋酸漂白工艺处理棉针织物，复合果胶酶—过醋酸工艺处理棉织物。这些工艺对织物损伤小，使织物的手感柔软、染色深，且可节约能源，减轻废水污染。尤其是用过氧化氢—过醋酸漂白来替代氯漂的工艺处理亚麻织物取得了更好的效果，采用超声波辅助过醋酸漂白工艺处理纯棉针织物也取得了较好效果，且该工艺能在较低温度下进行，颇有推广价值。采用新型漂白剂过氧化尿素进行纯棉织物漂白可达到较好效果，漂白剂能均匀有效分解，避免了纤维损伤，缩短了前处理漂白工艺流程。此外，超声波技术在前处理加工中的应用，对一些难膨化的浆膜（如淀粉浆膜）非常有效。

4. 我国染整前处理工艺存在的问题

虽然短流程前处理工艺的推广在我国取得了很大进展，但随着时代进步和高新技术的发展，与国外先进技术比较，仍存在一定差距。

(1) 短流程前处理工艺基本已普及，但优化工作做得还不够。不少单位没有根据品种特点、客户要求和最终用途等条件因地制宜来优化制定最适宜的短流程工艺。此外，对采用冷轧堆工艺后必须加强热碱处理的重要性的认识还不够，导致冷堆工艺质量不稳定。要解决这一问题就要合理选择工艺配方，准确制定工艺条件，并通过大量的测试优化工艺，以及在生产过程中通过控制各项工艺参数来控制双氧水的反应速率，使两类反应达到最佳平衡点，即在规定时间内，既使杂质去除率达到半制品质量标准，又把对纤维本身的损伤程度降到最低。

(2) 对环境的污染仍较严重。短流程前处理工艺在缩短流程、降低能耗、提高半制品质量和降低成本等方面对染整加工工艺的发展起到了极其重要的作用，但此工艺的主要用剂烧碱属高温强碱，其碱浓度高，会产生大量碱性污水，对环境造成污染。

(3) 短流程前处理配套助剂的问题。短流程前处理配套助剂质量不稳定，缺乏系列化、专用化、标准化和统一的测试标准（有的单位已在开发，但为数不多）。特别是适用于短流程工艺的环保型助剂的开发，不能满足清洁生产工艺的要求。配套设备的开发也跟不上短流程工艺的发展要求，尤其是自动化和机电一体化的开发缺乏工艺参数的在线检测和计量。在冷轧堆轧卷装置方面，不少企业仍采用被动打卷，而不是中心辊主动驱动；采用高给液装置的企业不多；汽蒸工序主要还是采用履带蒸箱，其问题是漏汽严重，温度达不到要求，预热时间不足，易产生横挡风干印，造成严重的染化料助剂浪费。总之，助剂与设备的开发未能与工艺品种的开发同步发展，应引起有关方面的重视。

5. 前处理发展趋势

近年来前处理的发展呈现“高速、高效、短程”的特点。要实现这一目标，可从以下几个方面努力：提高生产效率、经济效益，注重环保和生态，注重设备的发展、新技术的应用等。当今世界面临严重的水资源缺乏与环境污染的问题。染整企业是耗水、耗能大户，污染严重。因而，在前处理加工中，抓住节水、节能耗（从节能降耗的角度关注“低、冷、湿”的加工方式，实现高效、高速、短流程）和减少排污是发展的重点。

（1）前处理尽可能“往前处理”。在前处理之前先解决一部分问题实际是一个系统工程。例如：棉籽壳是前处理中比较难去除的杂质，尤其对棉花质量不高的坯布来说，去除它的工序既费时又费事。如果从原料清理工序中、在改进轧花中、在梳理中解决，比经过纺纱、织布后，把棉籽壳紧夹到纱和布中再去除容易得多。麻的脱胶也是个难题，采取密植的办法使麻长得较为幼嫩，可以大大减轻脱胶的压力。PVA浆料是印染厂较难处理的一种浆料，其难退浆，退浆后的废液处理又是很困难的。但PVA浆料是目前织造厂常用的浆料，因为它的浆纱质量好、价格便宜。减少PVA浆料的使用需原料处理技术和纺纱技术配合解决；或以其他浆料取代，如采用分子量相对较低、稍易于降解的PVA浆料，把问题解决在前处理之前。

（2）高新技术的研发和应用。多年来，生物酶在纺织印染中已有许多有效的研发与应用。如在纺织中，含糖量高的棉花在纺纱时易缠罗拉（辊和轴），可将棉花先用酶处理，使之降糖。酶的应用在牛仔布及衣服的“酶洗”工序后整理、退浆，“天丝”产品作原纤化处理，麻织物的手感和刺痒感的改善等方面都已取得较为有效的成果。果胶酶也在棉制品的精练、天然彩棉制品的处理、麻丝的脱胶等工序中应用。生物酶在前处理中的应用会大大减轻后道废水处理的压力。现在已有退浆酶、果胶酶、纤维素酶、漂白酶应用，如能将其成功复合使用，满足前处理需要，对退、煮、漂将是一次“大革命”，在退、煮、漂中甩掉碱将成事实。

（3）低温等离子体处理。等离子体在纺织业中，最早用于兔毛的表面处理，以增加其抱合力，改善可纺性。有研究显示，经等离子体处理的纺织品的染色性能得到改善，PVA浆料的退除、化纤产品提高其抗静电性等均得到改善。

（4）无水前处理。无水前处理目前只是一个努力方向，距实现还有相当长的距离。例如，有人研究将临界CO_2无水染色技术移植到前处理工艺中。另外，也有对溶剂处理的相关研究，但仍需验证所用溶剂是否符合环保要求，是否易于回收，使用的效果和成本是否成正比等问题。

思考与练习

1. 棉织物的前处理通常包含哪些工序？
2. 请结合一种织物说明对织物进行前处理的重要作用。
3. 目前我国的染整前处理工艺主要存在哪些问题？

第一章　棉织物的前处理

第一节　原布准备

1. 了解原布准备的过程。
2. 了解常用的缝头方法及特点。

原布指的是来自织造厂未经染整加工的织物，又称坯布。原布准备是织物前处理的第一道工序，一般在染整厂的原布间进行，它包括原布检验、翻布（分批、分箱、打印）和缝头等过程。

一、原布（坯布）检验

在染整加工之前，需要对原布进行检验，以便发现问题，及时采取措施。检验内容主要包括物理指标和外观疵点，一般原布的抽检率为10%左右。

物理指标检验包括原布的匹长、幅宽、平方克重、经纬纱的规格、密度和强力等。

外观疵点检验主要包括缺经、断纬、跳纱、棉结、破洞及油污等在纺织过程中形成的疵点，还包括检查有无金属碎屑等杂物夹在织物中。一般来说，对后续要加工成漂白布、色布品种的外观疵点检验较严格，而对后续要加工成花布的品种要求相对低一些。如果外观检验时发现问题，应及时修补或做适当处理，因为严重的外观疵点不仅影响产品质量，还可能引起生产事故。

二、翻布

翻布又分为分批、分箱和打印过程。

规格相同、后续加工工艺相同的原布被划为一类，并进行分批、分箱。每批数量根据后续采用的设备及加工方式而定。如采用煮布锅煮练，则以煮布锅的容布量分批；若采用绳状连续加工，则以堆布池的容量分批。采用平幅连续加工的，通常以十箱布为一批。采用绳状前处理时，由于是双头加工，分箱要成双数。需要卷染加工的织物，应使每箱布能分成若干整卷为宜。

翻布时，把来自织造厂的布包（或散布）拆开，摆在堆布板上，每匹布的正反面要一致，并把两端布头拉出以便缝接。

虽然多数坯布正反面有明显的区别，但也有不少面料的正反面极为相似，两面均可应用。对这类面料可不强求区别其正反面。识别坯布正反面的方法有很多，一般可以用眼看、手摸的感官方法来识别，主要从坯布的组织结构特征、坯布的贴头和印章等方面来识别。

各种棉、毛、麻、丝和化学纤维坯布的组织结构，主要以平纹、斜纹和缎纹为基本组织。其他各种小花纹、复杂组织和大花纹面料，都是从基本组织发展变化而来的，所以从坯布的组织结构的基本规律不难识别它的正反面。

1. 平纹坯布

平纹坯布正面的特点是比较平整光洁、花型清晰；反面的特点是较暗淡、布边较粗糙、纹路不清。

2. 斜纹坯布

斜纹坯布主要看其纹路斜势。华达呢、双面卡其、涤卡其等布正面的斜纹是从右上方向左下方倾斜，称“撇纹”；纱卡其、哔叽、涤/棉布等布正面斜纹是从左上方向右下方倾斜，称“捺纹”。

（1）单面斜纹。正面纹路明显、清晰，反面则模糊不清。

（2）双面斜纹。坯布面料正反面纹路都比较明显、饱满、清晰。

（3）线斜纹。坯布面料的斜纹由左下斜向右上者为正面。

（4）纱斜纹。坯布面料的斜纹由右下斜向左上者为正面。

3. 缎纹坯布

缎纹坯布纹路倾斜度较小，经面缎纹的正面的经纱浮长较长。纬面缎纹的正面纬纱浮长较长。缎纹面料的正面比较紧密、平直，反面织纹不明显。

为了便于识别与管理，每箱布的两头要打上印记，即打印。打印部位在离布头10～20 cm处，标明原布品种、加工类别、批号、箱号、发布日期及翻布人代号等。打印用的印油必须耐酸、碱、氧化剂、还原剂等化学助剂并耐高温，而且要快干、不沾污布匹。目前常用的印油多以红车油和炭黑以（5～10）∶1的比例加热搅拌调制而成。

另外，每箱布还要附上一张分箱卡，注明织物的品种、批号和箱号等，以便于识别和管理。

三、缝头

缝头是将翻好的布匹缝接起来，以适应染整连续化生产的需要的工序。缝接时要求缝路平直、布头对齐且针脚均匀，接头两端的针脚应加密 1～2 cm，以防开口和卷边。同时应注意织物正反面要一致，不漏缝。如发现坯布开剪歪斜，应撕掉布头歪斜的部分再缝，以防织物在后续加工中产生纬斜。

常用的缝头方法有环缝、平缝和假缝等。

1. 环缝

环缝最为常用，它使用环缝式缝纫机（又称满罗式或切口式缝纫机）缝接，缝接平整、坚牢，布层不重叠。环缝适宜一般中厚织物，尤其是卷染、印花、轧光、电光等加工的织物，但用线量高（为布幅宽的13倍），每个布头还要切除1 cm宽的切口，浪费较大。

2. 平缝

箱与箱之间的布头连接都在机台前使用平缝式缝纫机（或家用缝纫机）缝接，这就是平缝。它使用时灵活方便，用线量少，还可用于湿布接头。但缝接后布头处有叠层，卷染时易造成横挡色疵，轧光时易损伤轧辊。

3. 假缝

假缝缝接坚牢，用线也省，特别适用于稀薄织物的缝接，但同样存在着布层重叠的现象。

思考与练习

1. 原布外观疵点检验主要内容包括哪些?
2. 常用的缝头方法有哪些?

第二节 烧　毛

学习目标

1. 了解烧毛的目的。
2. 掌握气体烧毛机的烧毛工艺。
3. 掌握烧毛质量的评定方法。

纱线纺成后，虽然经过加捻并合，但仍然有很多松散的纤维末端露出在纱线表面。织成布匹后，在织物表面形成长短不一的绒毛。布面上的绒毛会影响织物表面的光洁程度，且易沾染尘污，合成纤维织物上的绒毛在使用过程中还会团积成球。绒毛又易从布面上脱落、积聚，形成对印染加工的不利影响，如产生染色、印花瑕疵和堵塞管道等。因此，在棉织物前处理加工时必须首先除去绒毛，一般采用烧除的方法。

一、烧毛原理

烧毛方法有两种，即燃气烧毛与赤热金属表面烧毛。前者利用可燃性气体燃烧直接燃去织物表面绒毛；后者为间接烧毛，即将金属板或圆筒烧至赤热，再引导织物擦过金属表面烧去绒毛。烧毛时，布面上的绒毛由于质地疏松并且离火焰较近，会很快升温燃烧；而织物因结构比较紧密且离火焰较远，升温较慢，在温度尚未达到着火点时即离开热源，因此不会受到损伤。

二、烧毛工艺与设备

上述两种烧毛方法采用的烧毛设备有气体烧毛机（无接触式烧毛）、铜板烧毛机和圆筒烧毛机。气体烧毛机操作方便，适应性广，目前各厂普遍采用，气体烧毛机如图1—2—1所示。铜板烧毛机及圆筒烧毛机劳动强度高，工作条件差，除灯芯绒厂尚在使用外，已应用不多。

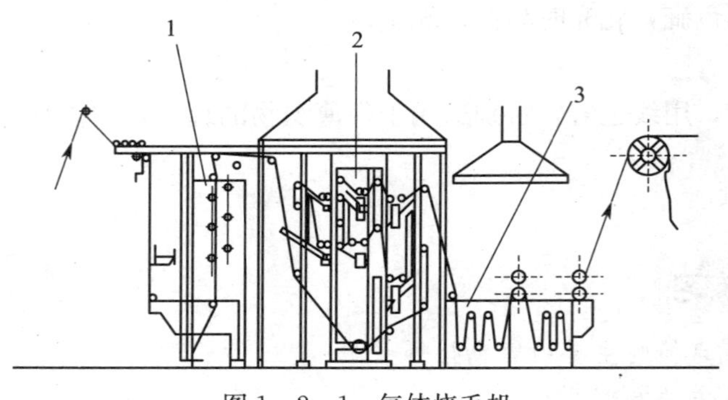

图1—2—1　气体烧毛机

1—刷毛箱　2—烧毛火口　3—灭火槽

气体烧毛机对各种纺织物都适用，对凹凸提花织物效果尤其好，烧毛质量比较匀净，火焰易控制。气体烧毛机工作时对室温影响较小，准备工作时间短。热板烧毛机需提前约1 h点火，将金属板或圆筒烧到红热才能开始烧毛。铜与铸铁等金属材料在红热条件下容易被空气中的氧气氧化，耗损较大。

三、气体烧毛机烧毛

1. 气体烧毛机的构造

气体烧毛机由进布装置、刷毛箱、烧毛火口、灭火及落布装置组成。气体烧毛机的主要部件是烧毛火口，通常使用狭缝式火口，如图1—2—2所示。

烧毛时，织物被引入进布架。进布架主要由一组导布辊组成，通过调节导布辊筒的位置，可以调节织物的张力。

刷毛箱内装有4～8根鬃毛或尼龙毛刷辊，毛刷辊旋转方向和织物行进方向相反，毛刷刷去附着在布面的砂粒、杂物和灰尘，并使布面绒毛竖直以便烧毛，然后通过火口烧灼。

气体烧毛机一般有4～6个火口，狭缝式火口较为常见。狭缝式火口是一个狭长的铸铁小箱，燃气与空气在箱内混合，火焰从上部狭缝喷出。狭缝的长度一般与被加工织物的宽度一致，狭缝的宽度可根据火焰的需要调节。

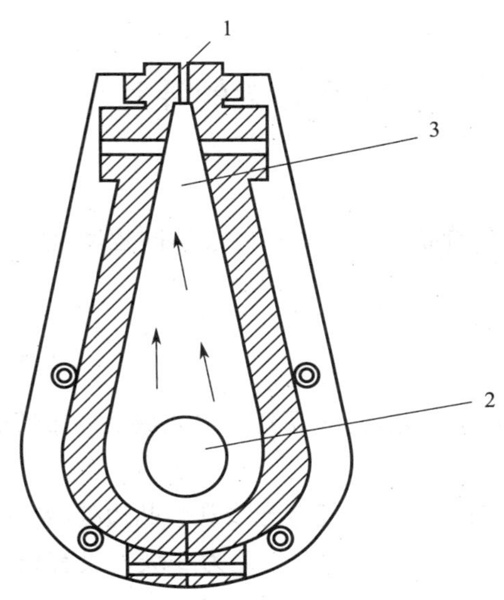

图 1—2—2 狭缝式火口

1—火口缝隙 2—可燃性气管 3—可燃性气体与空气的混合器

经烧毛后织物布面温度升高，甚至带有火星，因此必须及时扑灭火星，降低织物温度，以免影响织物质量或造成破洞，甚至酿成火灾。灭火装置根据落布方式而定，湿布灭火装置为1～2格平洗槽，槽内装有热水或退浆用的碱液或酶液，烧毛后的织物通过平洗槽灭火。干落布时则向布面喷雾、蒸汽，或绕经冷流水辊筒灭火。

烧毛后需进行绳状加工的织物在出布时经导布瓷圈成绳状落布。烧毛后需进行平幅加工的织物，则通过落布架往复摆动而堆于布箱中，或采用大卷装平幅打卷。

目前气体烧毛机使用的可燃性气体有城市煤气、天然气、液化石油气及汽油汽化气等，根据工厂所在地区供应条件而定，因此烧毛机火口及空气供应配比，必须根据所使用的可燃性气体作适当调整。燃烧充分时，火焰呈光亮透明的蓝色，火焰平整、竖直、有力，无飘动和跳动现象。应随时保持狭缝口清洁无堵塞，以免造成烧毛条花。烧毛机工作时还应注意防火、防尘、防毒、防爆等问题，做到安全生产。织物正反面经过火口的个数，随织物的品种和要求而定。

2. 气体烧毛机的烧毛工艺

(1) 工艺流程。进布→刷毛→烧毛→灭火→落布。

(2) 工艺条件。加工一般织物的车速为80～100 m/min，火焰温度为800～900℃，织物与火焰距离一般为0.8～1.0 cm，织物正反面烧毛次数一般为二正二反。

四、烧毛质量评定的方法

将已烧毛织物折叠，迎着光线观察凸边处绒毛分布情况，按下列标准进行评级：原坯未经烧毛的为1级，长毛较少的为2级，基本上没有长毛为3级，仅有较整齐的短毛为4级，毛烧干净为5级。烧毛质量一般应达3～4级。

烧毛等级的评定

一、训练准备

实验材料：未经烧毛的纯棉坯布 1 块；经过不同程度烧毛的纯棉坯布 4 块，并进行编号。

二、训练操作

1. 将未经烧毛织物折叠，迎着光线观察凸边处绒毛分布情况，并将此原坯的烧毛等级定为 1 级。

2. 将 4 块经烧毛织物分别折叠，迎着光线观察凸边处绒毛分布情况，按下列标准进行评级：长毛较少的为 2 级，基本上没有长毛为 3 级，仅有较整齐的短毛为 4 级，毛烧干净为 5 级。

三、结果与讨论

根据不同织物表面绒毛分布情况，评定烧毛等级，填入表 1—2—1。

表 1—2—1　　织物烧毛等级评定

编号	1	2	3	4	5
等级					

思考与练习

1. 为什么要对织物进行烧毛？
2. 如何评定织物的烧毛质量？

第三节　退　　浆

1. 了解退浆的目的。
2. 掌握酶退浆、碱退浆及氧化剂退浆的工艺。
3. 掌握退浆效果的评定方法。

机织物在织造前都必须经过上浆处理，以提高经纱的强力、耐磨性及光滑程度，从而减少经纱断头，保证织布顺利进行。

坯布上的浆料对印染加工不利，因为浆料的存在会沾污染整工作液，耗费染化料，甚至会阻碍染化料与纤维的接触，影响印染产品的质量。因此，织物在染整加工之初，便必须经过退浆处理尽可能除去坯布上的浆料。退浆的要求根据后续加工的种类不同而异，例如用于染色、印花的织物的退浆要求较高，而对漂白织物的退浆要求则可稍低一些。

经纱上浆所用浆料主要有天然浆料、合成浆料及变性浆料三类。天然浆料主要有各种淀粉（如小麦淀粉、玉米淀粉、马铃薯淀粉等）、海藻类（如海藻酸钠）等，合成浆料主要有聚乙烯醇（PVA）、聚丙烯酸（PAA）等，变性浆料有羧甲基纤维素（CMC）、糊精等。上浆液中还会加入其他成分，如防腐剂、柔软剂、吸湿剂、减磨剂等。经纱上浆率的高低和纤维的质量、纱支、密度等有关，纱支细、密度大的织物的经纱上浆率高些，一般织物的上浆率为4%～8%。

经纱所上浆料的品种与纤维的品种有关，淀粉浆料多用于纤维素纤维织物，如棉织物、麻织物等；合成浆料多用于合纤织物，有时也使用混合浆料上浆。退浆是在退浆剂及一定条件作用下进行的，常用退浆剂及其退浆工艺分述如下：

一、酶退浆

酶是由一类生物体产生的对某些特定物质的分解具有高效催化能力的蛋白质。酶作用快速，成本低廉，退浆率可达90%以上。纯棉、纯麻、麻棉混纺、涤棉麻混纺等织物采用生物酶退浆，已获得成熟经验，取得良好效果，现已被广泛使用。

1. 酶的特点

作为一种生物催化剂，酶具有以下特点：

（1）酶制剂具有作用专一性。即一种酶只能催化一种或一类化学反应。例如，淀粉酶只能催化淀粉水解成糊精和低聚糖，蛋白酶只能催化蛋白质水解成氨基酸或肽，而对其他物质则没有催化作用。将淀粉酶制剂用于纤维素纤维织物的退浆，正是基于酶的专一性，使退浆工艺可以去除织物上的淀粉浆料而对纤维无损伤。

（2）酶制剂的催化效率高。酶制剂的催化效率比无机催化剂高1×10^5～1×10^7倍。因此作为催化剂时，酶用量少、作用快。

（3）酶制剂的催化条件缓和。酶制剂不需要高温、高压、强碱或强酸等剧烈条件，在常温、常压、缓和的酸碱条件下，即可发挥高效的催化能力。

（4）酶制剂对环境无污染。酶是一种蛋白质，无毒，反应过程中不产生有害物质，对环境友好。

酶制剂可从动物内脏、腺体中提取，如胰酶取自动物的胰腺；也可利用微生物生产酶制剂，如BF—7658淀粉酶是枯草杆菌分泌的细菌酶。上述两种酶都能使淀粉降解，使淀粉大分子间键迅速断裂，黏度降低，并进一步水解为水溶性较大的糊精及低聚糖类，从而易于在水洗时洗除。

酶的催化能力通常用酶的活力来表示，相同质量的酶的催化能力可能差别很大。酶活力的大小用酶活力单位（U）表示，其指在一定条件下、一定时间内将一定量的底物转化为产物所需要的酶量。在实际使用中，针对不同的酶有不同的酶活力单位定义。对同一种酶，不同的研究者也可以有不同的酶活力单位定义。如对 α-淀粉酶的活力单位，有的规定为每小时催化 1 g 可溶性淀粉液化所需要的酶量，有的规定为每小时催化 1 mL、2%可溶性淀粉液化所需要的酶量。为使各种酶活力单位标准化，国际酶学委员会于 1961 年提出用统一的“国际单位”（IU）来表示酶活力，即在最适反应条件下，每分钟催化1 μmol底物并转化为产物所需要的酶量为一个活力单位，1 U=1 μmol/min。对同一种酶来说，比活力越高，酶的纯度越高。

2. 酶活性的影响因素

酶活性的影响因素主要有酶工作液的 pH 值、温度、活化剂与抑制剂的存在等方面。

（1）pH 值。pH 值对酶的活性及稳定性（指活性的保持程度）影响很大，因此在选择时要兼顾酶的活性与稳定性。例如：BF－7658 淀粉酶退浆时的 pH 值应为 6.0～6.5，而胰淀粉酶退浆时的 pH 值则为 6.8～7.5。

（2）温度。酶的活性及稳定性受温度的影响，在最适温度下，酶的活性表现最高；低温时酶的活性很低，温度过高则会使酶失活。例如：BF－7658 淀粉酶的最适温度为 80～85℃，而胰淀粉酶的最适温度为 40～55℃。

（3）活化剂与抑制剂。酶的活性还会受到一些化学品的影响。可激发酶的活性的化学品被称为活化剂，如氯化钠和氯化钙等盐类，所以酶退浆时不必用软水；可抑制酶的活性的化学品被称为抑制剂，如一些重金属盐及一些离子型表面活性剂，所以酶退浆液中应避免加入这些物质。

3. 酶退浆工艺

酶退浆工艺虽然会随着酶制剂的种类、退浆设备和织物的品种不同而有差异，但一般都由三个工艺过程组成：浸轧或浸渍酶液、保温处理、水洗后处理。

（1）浸轧或浸渍酶液。这是织物对酶液的吸收过程，可以通过浸轧、浸渍或喷淋等方法来实现。酶的活性受温度、pH 值、活化剂及抑制剂等影响。所用酶制剂的性能不同，浸轧或浸渍的温度和 pH 值不同。酶的浓度与加工方法有关，一般连续轧蒸法的酶浓度应高于堆置和轧卷法，织物带液率控制在 100%左右，并加入适量电解质或金属离子（钠离子、钙离子等）对酶起活化作用。但铜、铁离子有抑制作用，使淀粉酶活性降低，必须采用相应措施防止铜、铁离子的带入。

（2）保温处理。淀粉酶分解淀粉需要一定的时间，保温处理使酶在一定的温度和时间条件下对淀粉进行充分水解，使淀粉浆料易于洗除。保温处理的温度和时间是两个重要的工艺参数，随着酶制剂、保温处理工艺和设备条件的不同而不同。保温处理可以采用堆置法、汽蒸法、浸渍法（直接进行酶液循环处理）或以其中两者结合的方式进行。

保温堆置法通常将经浸渍酶液后的织物保持所要求温度并卷在布轴上，或放在堆置箱中，用塑料膜包好，堆置 12 h 以上。如要缩短保温时间，也可采用堆置和汽蒸结合的方法，先堆置较短的时间（如 20 min），然后汽蒸 1～5 min。汽蒸法是连续化的加工工艺，适用于高温酶，可在 80～85℃浸轧酶液后，用汽蒸箱于 95～100℃汽蒸 1～3 min。浸渍法多采用喷射、溢流或绳状染色机。卷染机上退浆实际是堆置和浸渍酶液交替进行，总处理时间由交替卷绕次数决定。

棉织物酶退浆的方法和工艺较多，堆置法（轧堆法）因能耗低而广为采用，其工艺流程：浸轧（或喷淋）酶液→堆置→水洗。

工艺处方：BF－7658 淀粉酶 20 g/L，氯化钠 5 g/L，渗透剂 3 g/L，醋酸 1.5 g/L。

工艺条件：浸轧酶液温度 55～60℃，pH 值 6～7，堆置温度为室温，堆置时间 12 h 以上。

（3）水洗后处理。只有将浆料或其水解物充分从织物上去除后退浆才算完成，而淀粉浆料经淀粉酶水解后，其水解物仍然黏附在织物上，需要通过水洗才能去除。因此酶处理的最后阶段，要用洗涤剂在较高的温度下进行清洗。厚重织物还可以加入烧碱进行碱性洗涤，以提高洗涤效果。

二、碱及碱酸退浆

碱退浆是印染厂使用较为广泛的一种退浆方法，其适用性广，可用于各种天然和合成浆料的退浆，但碱退浆的退浆率并不高，约为 50%～70%，余下的浆料只能在煮练过程中进一步去除。碱退浆主要是通过两个方面来实现的：一方面，天然浆料和合成浆料在热碱溶液中都会发生溶胀，从凝胶状态变为溶胶状态，与纤维的黏着变松，再通过机械作用，浆料就比较容易从织物上脱落下来；另一方面，某些浆料如羟甲基纤维素、聚乙烯醇等在热碱液中的溶解度较高，再经水洗便可获得较好的退浆效果。

热碱液除了起到退浆作用外，对棉纤维上的天然杂质也有分解和去除作用，因而有减轻煮练负担的效果。由此可见，退浆和煮练虽然是两个目的不同、相互独立的加工过程，但两者又是相互渗透、密切相关的。用于退浆的碱液大多数是煮练或丝光废碱液，其成本低，又不损伤纤维，因此被广泛应用。

值得强调的是，对某些浆料来说，碱退浆仅能使浆料与织物的黏着力降低，却不能使浆料降解。随着退浆和水洗的进行，水洗槽中洗液的黏度会不断提高。因此，退浆后的水洗必须充分，必要时还需要更换洗液，以防浆料重新黏附到织物上而降低退浆效果和影响后加工的进行。

碱退浆工艺：

工艺流程：平幅轧碱→堆置→热水洗→冷水洗（堆置法），平幅轧碱→汽蒸→热水洗→冷水洗（汽蒸法）。

工艺处方：烧碱 8～15 g/L（堆置法浓度稍高），润湿剂 1～2 g/L。

工艺条件：碱液温度 70～80℃，堆置时间 6～12 h，汽蒸温度 100～102℃，汽蒸时间 30～60 min，水洗温度 80℃以上。

碱退浆后经过水洗，再浸轧 5 g/L 硫酸液，然后堆置约 1 h，水充分洗净。此法称为碱酸退浆法，其用于含杂质较多的低级棉布及紧密织物（如府绸）等棉织物。碱酸退浆对去除棉纤维杂质及矿物质效果较好，并能提高半制品白度及吸水性。碱酸法退浆率达 60%～80%。

三、氧化剂退浆

氧化剂如过氧化氢、亚溴酸钠等能使浆料大分子断裂降解，因此容易将浆料从织物上洗除。氧化剂退浆具有速度快、效率高、质地均匀的特点，以及一定的漂白作用。强氧化剂对纤维素也有氧化作用，因此在工艺条件上应加以控制，使纤维强力尽可能保持。用于退浆的氧化剂中，亚溴酸钠价格较贵，过硫酸铵是较好的退浆用氧化剂。氧化剂退浆中使用较广的是双氧水一烧碱退浆法，氧化剂退浆主要用于 PVA 及其混合浆料的退浆。工艺如下：

工艺流程：浸轧退浆液→堆置（或汽蒸）→热水洗→冷水洗。

工艺处方：35%双氧水 4～6 g/L，稳定剂 2～4 g/L，烧碱 10～15 g/L，润湿剂 2～4 g/L。

工艺条件：浸轧温度为室温，汽蒸温度 100～102℃，汽蒸时间 20～30 min，水洗温度 80～85℃。

双氧水一烧碱退浆液中应加入适量的稳定剂，如硅酸钠、有机稳定剂或螯合剂等，以避免双氧水在碱性条件下分解产生的过氧化氢负离子损伤纤维。

四、退浆效果的评定

退浆效果的主要评定指标是退浆率，退浆率表示织物上浆料去除的程度，其计算公式：

$$退浆率=\frac{退浆前织物含浆率-退浆后织物含浆率}{退浆前织物含浆率}\times 100\%$$

生产中一般要求退浆率在 80%以上，余下的残浆可在煮练工艺中进一步除去。

酶退浆

一、训练准备

1. 仪器设备

托盘天平、蒸箱（或蒸锅）、玻璃棒、烧杯（200 mL、500 mL）、量筒（100 mL）、温度计、角匙、烘箱、电炉、小轧车。

2. 化学品

BF-7658 淀粉酶、醋酸、氯化钠、渗透剂 JFC。

3. 实验材料

纯棉坯布 2 块。

二、训练操作

1. 设计工艺处方

BF-7658 淀粉酶（2 000 倍）15 g/L，氯化钠 5 g/L，渗透剂 JFC 1～2 g/L，醋酸调

节 pH 值为 6.0～6.5。

2. 设计工艺条件

坯布浸渍或浸轧酶液（55～60℃，轧余率 90%～100%）→保温堆置（60℃，60 min）→水洗→晾干。

3. 操作步骤

（1）称取规定量药品。

（2）将 BF－7658 淀粉酶用 55～60℃的热水搅拌均匀后，加入渗透剂 JFC 和氯化钠，并用醋酸调节 pH 值至 6.0～6.5。

（3）将棉布投入配好的酶液中，充分浸透（1～2 min）。

（4）用玻璃棒或轧车除去织物上多余酶液，将织物置于 100 mL 烧杯中，用保鲜膜密封，置于 60℃烘箱中，恒温放置 60 min。

（5）取出布样，用 80～85℃热水洗涤 2～3 次，再用温水、冷水冲洗后晾干或烘干至恒重。

三、结果与讨论

测定退浆后织物的失重率，以评定退浆效果。

$$失重率=\frac{退浆前织物重-退浆后织物重}{退浆前织物重}\times 100\%$$

思考与练习

1. 为什么要对织物进行退浆？
2. 酶退浆有何特点？
3. 碱退浆采用什么工艺？
4. 如何评定织物的退浆效果？

第四节 煮 练

学习目标

1. 能识别各种煮练设备。
2. 能根据要求制定煮练工艺。
3. 会进行外观疵点的检测、白度、毛效、强力的测试。
4. 能分析煮练过程中易出现的病疵及给出预防、解决的方法。

棉纤维生长时有天然杂质（果胶质、蜡状物质、含氮物质等）伴生。棉织物经退浆后，大部分浆料及部分天然杂质已被去除，但还有少量的浆料以及大部分天然杂质还残留在织物上。这些杂质的存在，使棉织物的布面较黄，渗透性差。同时，棉籽壳的存在会大大影响棉布的外观质量。故需要将织物在高温的浓碱液中进行较长时间的煮练，以去除残留杂质。煮练是用化学和物理化学的方法，通过化学降解、乳化作用或膨化作用，将棉纤维上的天然共生物（如蜡质、灰分、色素、棉籽壳等）、杂质、含氮物质、残存浆料等去除的过程，最终使棉织物便于后续染整加工。

一、煮练机理

煮练过程是一个很复杂的过程，在借助烧碱与其他助剂进行高温煮练的过程中，棉纤维及其杂质会发生水解、皂化、复分解、增溶、乳化及溶解等多种作用。其中前三种作用属于化学作用，后三种作用属于物理化学和物理作用。这些作用几乎同时发生，棉纤维中的杂质往往是依靠这些作用中的一种或几种而去除的。

1. 果胶质的去除

果胶质的主要成分为果胶酸的衍生物，主要有果胶酸的钙盐、镁盐及果胶酸甲酯等。这些物质不仅能使纤维外观发黄，还可以与纤维素大分子中的羟基形成酯键，从而影响织物的润湿性。在烧碱作用下，一方面，果胶质在发生水解后生成果胶酸，进而转变为果胶酸钠盐；另一方面，还可能发生分子链的断裂，提高果胶在水中的溶解度，以达到彻底去除的目的。

2. 含氮物质的去除

含氮物质有两种存在形式：蛋白质和简单的无机盐类。在热烧碱作用下，蛋白质分子中的酰胺键发生水解断裂，蛋白质生成可溶性的氨基酸钠盐而易被去除。无机盐中的硝酸盐和亚硝酸盐可以直接溶解在水中而被去除。

3. 蜡状物质的去除

蜡状物质的成分包括脂肪族高级一元醇、游离脂肪酸、高级一元醇酯以及碳氢化合物等。因化学性质稳定，高级一元醇、酯及碳氢化合物不易与一般化学药品起反应，所以需借助表面活性剂的乳化、分散作用去除。而蜡质中的脂肪酸在热稀碱溶液中可发生皂化反应生成可溶性肥皂，再经水洗可将其去除；脂肪酸皂化时转化成的肥皂也可作为煮练时的乳化剂，与不能皂化的蜡质发生乳化作用而被去除。

4. 棉籽壳的去除

棉籽壳的组成主要有木质素、纤维素、单宁、多糖类物质以及少量的蛋白质、油脂、矿物质等，其中木质素是主要成分。在煮练过程中，棉籽壳中的油脂、蛋白质、单宁和一些多糖类物质能与烧碱发生某些化学作用而被溶解去除。木质素因分子结构中有酚羟基存在，一方面，在煮练时可能与烧碱发生化学作用，使其结构分解，从而增大在碱液中的溶解度而被除去；另一方面，在高温烧碱液长时间作用下，棉籽壳发生溶胀变得松软，对织物的附着力降低，加之部分组成物被溶解、分解，残存部分再经水洗和摩擦而脱落下来。去除棉籽壳相比于去除其他杂质，需要较浓的化学品溶液和较长的汽蒸时间，这就意味着附加了较多的费用和较高的化学品消耗。为了更好去除棉籽壳，可在煮练液中加入亚硫酸氢钠，使木质素转变成木质素磺酸盐而被去除。

5. 灰分等无机盐的去除

灰分的主要成分是无机盐，可分为水溶性无机盐与不溶性无机盐两部分。其中，水溶性部分在煮练后的水洗过程中被去除，而不溶性部分则经酸洗、中和水洗、水洗过程被去除。

6. 色素的去除

棉纤维中的有色天然物质统称为色素，煮练对色素的去除作用很小，大部分色素要在漂白过程中被除掉。

二、煮练用剂

在煮练浴中，烧碱是主练剂。此外，为了提高煮练效果，还需加入各种助练剂，它们包括表面活性剂、Na_3PO_4、$NaHSO_3$、Na_2SiO_3及一些螯合剂等。

1. 主练剂烧碱的作用

在高温下，烧碱可去除果胶质、含氮物质、蜡状物质中的脂肪酸、棉籽壳中的某些成分以及部分无机盐等。

2. 助练剂的作用

（1）表面活性剂。表面活性剂通称为精练剂，它有利于煮练液的渗透和产生乳化等作用。作为精练剂，除要求具有良好的润湿、渗透、乳化、净洗等作用外，还必须具有耐硬水、耐碱和耐高温的性能。精练剂多采用阴离子型表面活性剂与非离子型表面活性剂的复配物，其协同效应能提高煮练效果。

（2）硅酸钠。硅酸钠俗称水玻璃，它能吸附煮练液中的铁质，防止布面发脆及织物产生锈渍和锈斑。它还能吸附棉纤维上的杂质及分解后的产物，防止分解产物重新沉积在织物上，从而提高织物的润湿性、渗透性和白度。但使用硅酸钠易在处理过程中产生硅垢，附着在设备上，给设备的清洗带来许多麻烦。清洗不净的硅垢黏附在设备上，会使织物在煮练过程中擦伤，造成煮练效果不匀。而且硅垢也容易附着在纤维表面上，使织物变得比较粗硬，影响织物的手感。因此，如果在煮练中使用了硅酸钠，一定要严格控制其用量，不能使用过多，煮练后织物必须充分水洗。目前许多企业在煮练过程中已不再使用硅酸钠，而是使用其他非硅型的螯合剂代替硅酸钠。

（3）亚硫酸氢钠。亚硫酸氢钠具有还原作用。一方面，它能防止棉纤维在高温煮练时因空气的氧化产生氧化纤维素而损伤织物；另一方面，它还能使棉籽壳中的木质素成分转变为木质素磺酸（即可溶性的木质素衍生物）而溶于烧碱液中。

（4）磷酸三钠。主要用来软化硬水，提高煮练效果，并节省其他助剂用量。

三、煮练设备与工艺

棉布煮练设备按织物不同的加工状态可分为绳状煮练和平幅煮练两种。大多数品种采用绳状加工，为防止出现擦伤、折痕以及纬斜等瑕疵，厚重和特别稀薄的织物常用平幅加工。因煮练方式不同，棉布煮练设备可分为连续式和间歇式两种，其中煮布锅煮练是间歇式生产，连续汽蒸煮练是连续式生产。

1. 煮布锅

煮布锅是一种老式的、织物以绳状形式进行加工的煮练设备。这种设备煮练匀透且除杂效果好，特别是对一些紧密织物（如府绸等）的效果更为明显。煮布锅煮练具有适应品种范围广、灵活性大的特点，因此适用于多品种、小批量生产。但其间歇式生产的劳动生产率较低。煮布锅有立式和卧式两种，目前主要使用的是立式煮布锅，它由锅身、加热器、循环泵等组成，如图 1—4—1 所示。

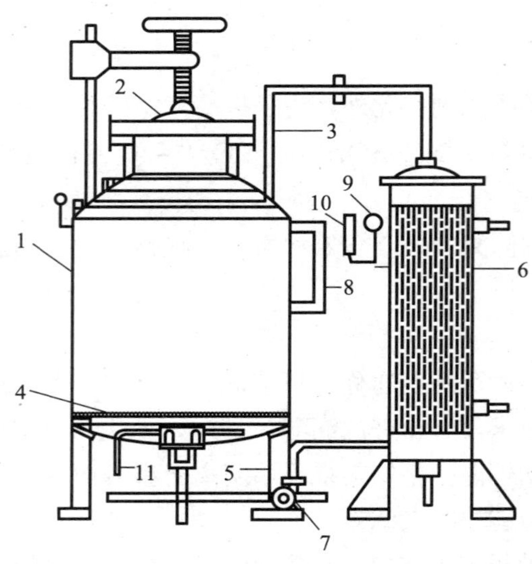

图 1—4—1　立式煮布锅

1—锅身　2—锅盖　3—煮练液淋洒管　4—假底　5—锅身支柱　6—加热器
7—循环泵　8—液面玻璃管　9—蒸汽压力表　10—安全阀　11—直接蒸汽加热管

在煮布锅煮练中，织物先经轧碱，然后利用自动堆布器将织物均匀堆入锅内。堆布完毕后，需要在布上压以重物或采取其他方式将布压住，以防止在加入煮练液后布匹浮起和煮练液循环时将织物搞得杂乱而不能出锅。煮练液放入锅后，将锅盖盖上并拧紧，即可开始煮练。先利用锅身下的蒸汽管和加热器通入蒸汽加热，待锅内空气通过排气管排尽后，关闭排气阀。继续加热，使锅内压强升至规定值，这时锅内已达相应的温度。关闭直接蒸汽，仅通过加热器加热，使锅内维持规定的压力，继续循环煮练一定时间（按织物品种不同，在 3～5 h 之间）。煮练完成后停止加热，慢慢将煮练液通过排液阀放出，待锅内压力下降至规定值时，打开排气阀，并放入热、冷清水进行充分水洗后便可引布出缸。

煮布锅煮练工艺：

工艺流程：轧碱→进锅→煮练→水洗。

工艺处方及工艺条件：

浸轧法汽蒸煮练：轧碱（烧碱用量：薄织物 4～6 g/L，厚织物 8～10 g/L；轧液率

110%～130%）→汽蒸（100℃＋，60 min）→平洗。

浸渍法煮练：（以下浓度均为相对织物质量的百分比 owf）

烧碱	薄织物 2.5%～3.3%，厚织物 3%～4%
渗透精练剂	0.5%～1%
亚硫酸氢钠	0%～0.5%
水玻璃（36%）	0.5%～0.8%
磷酸三钠	0～1 g/L
浴比	1∶(3～4)
压力	0.177～0.206 MPa
温度	125～130℃
时间	薄织物 3～5 h，厚织物 4～6 h

轧液率又称轧余率、带液率，指经轧液后织物带液量的多少，计算公式为：

$$\text{轧液率}=\frac{\text{轧液后织物重量}-\text{轧液前织物重量}}{\text{轧液前织物重量}}\times 100\%$$

浴比指加工物的质量与加工液的质量之比。用稀溶液加工时，溶液的相对密度近似为 1，因此浴比也就是加工物的质量（kg）与加工液的体积（L）之比。

厚重织物可在广口式煮布锅内进行平幅煮练，即先将织物在平幅设备（如卷染机）上轧碱。轧碱液组成与煮布锅绳状煮练液相同，只是轧碱液浓度较高。轧碱后将织物打成布卷，并将布卷逐卷吊入煮布锅中煮练，煮练过程基本与绳状煮练相同，煮练时间延长至 8～10 h。

2. 连续汽蒸煮练设备

连续汽蒸煮练设备按使用压力大小可分为常压连续汽蒸煮练设备和高压连续汽蒸煮练设备两种，其中常压连续汽蒸煮练设备按织物的要求不同又可分为绳状连续汽蒸煮练设备与平幅连续汽蒸煮练设备两种。

（1）绳状连续汽蒸煮练设备。绳状连续汽蒸煮练联合机是由多台绳状浸轧机和绳状汽蒸容布器两大部分组成。

绳状浸轧机用来浸轧煮练液和洗涤织物，主要由轧液辊、导布辊、轧液槽等组成。

绳状汽蒸容布器是汽蒸煮练的核心部分，常见的是伞柄式的，又称 J 形箱，如图 1—4—2 所示。

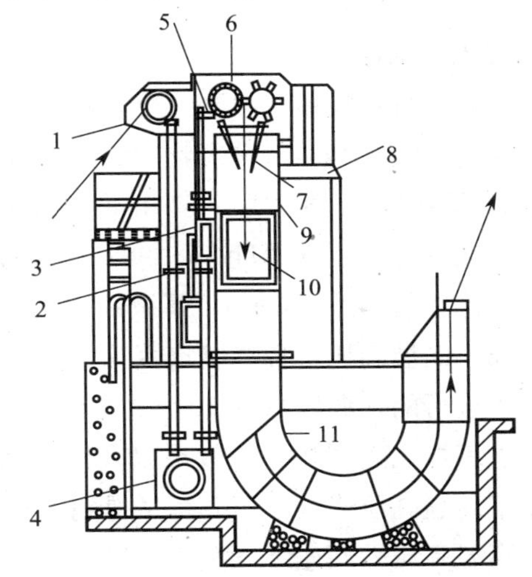

图 1—4—2 汽蒸容布器

1—导布磁圈 2—加热管 3—热分配器 4—大槽轮箱 5—往复摆动装置 6—导布辊 7—摆布斗 8—工作台 9—直箱 10—玻璃观察窗 11—弯箱

绳状连续汽蒸煮练工艺：

工艺流程：轧碱→汽蒸→轧碱→汽蒸→水洗。

工艺处方：烧碱（薄织物 20～30 g/L，厚织物 30～40 g/L）；精练剂 5～8 g/L；亚

硫酸氢钠 0～5 g/L；磷酸三钠 0～1 g/L。

工艺条件：碱液温度 70～80℃，轧液率 120%～130%，车速 140 m/min，汽蒸温度 100～102℃，汽蒸时间 60～90 min。

（2）常压平幅连续汽蒸煮练设备。常压平幅连续汽蒸煮练设备类型较多，按汽蒸箱的形式不同有“J”形箱式、履带式（见图 1—4—3）、轧卷式、叠卷式、翻板式、R 型汽蒸箱等。这些平幅连续汽蒸煮练设备使用广泛，也适用于退浆和漂白，所以又被称为平幅汽蒸练漂联合机。

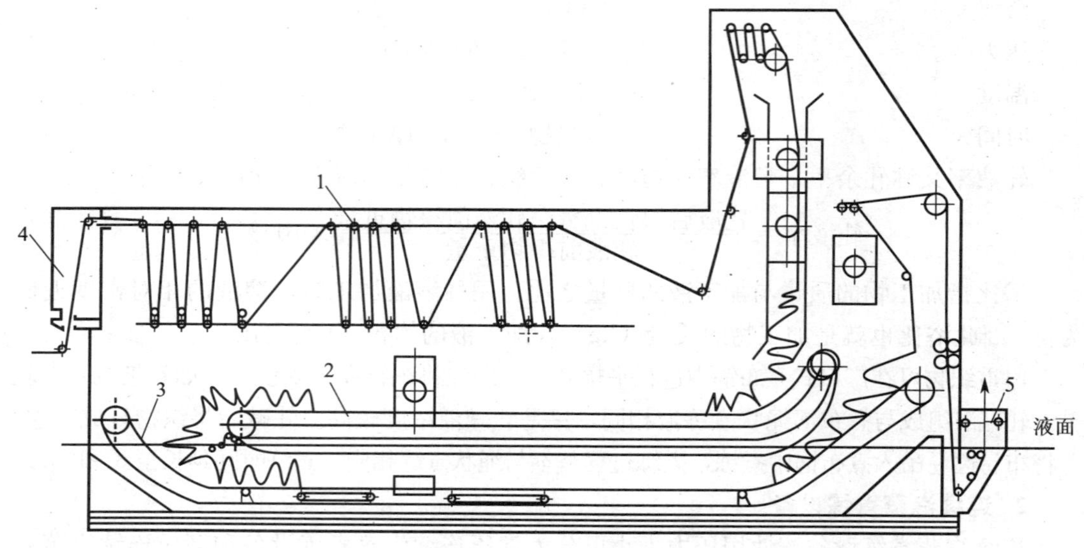

图 1—4—3　履带式汽蒸练漂机

1—导辊汽蒸区　2—上层履带　3—下层履带　4—进布汽封口　5—出布液封口

常压平幅连续汽蒸煮练工艺：

工艺流程：轧碱→汽蒸（→轧碱→汽蒸）→水洗。

工艺处方：烧碱（薄织物 40～45 g/L，厚织物 45～100 g/L）；渗透剂（薄织物 3～5 g/L，厚织物 6～8 g/L）；亚硫酸氢钠 0～5 g/L；磷酸三钠 0～1 g/L。

工艺条件：浸轧温度 85～90℃；轧液率 85%～90%；汽蒸温度 100～102℃；汽蒸时间（薄织物 45～60 min，厚织物 60～90 min）。

（3）高温高压平幅连续汽蒸练漂机。绳状连续汽蒸煮练和平幅连续汽蒸煮练都是在常压下进行的，温度只有 100～103℃，要达到较好的预期效果需要用较长的时间。为了提高煮练加工速度和煮练效果以及汽蒸的渗透速率，促使练漂工艺向高效、高速发展，近年来高温高压连续汽蒸煮练又得到了发展。

高温高压平幅连续汽蒸练漂机具有占地面积小、劳动强度低、加工速度快（一般汽蒸 1.5～2 min）、半制品周转快、耗汽较省的特点，因此其可用于一般中厚织物的加工。由于加工速度快、时间短，纯棉织物的棉籽壳仅呈膨化状态，不能完全将其去除。另外，高温高压平幅连续汽蒸练漂机的汽蒸箱必须能耐高温高压，封口要有较高的密封程度。受高温、碱的作用，封口材料会逐渐脆化，因而使用一段时间后，会对产品的质量、加工精度产生不利影响，而且封口易对有色织物造成擦伤，应注意检查。

高温高压平幅连续汽蒸煮练工艺：

工艺流程：轧碱→汽蒸→水洗。

工艺处方：烧碱（薄织物 25～30 g/L，厚织物 35～45 g/L）；渗透剂（薄织物 4～6 g/L，厚织物 6～8 g/L）；亚硫酸氢钠 0～5 g/L；磷酸三钠 0～1 g/L。

工艺条件：浸轧温度 85～90℃；轧液率 85%～90%；汽蒸温度（薄织物 120～130℃，厚织物 130～138℃）；汽蒸时间（薄织物 2～3 min，厚织物 3～5 min）。

四、煮练工艺分析

1. 影响煮练效果的因素

(1) 纤维材料的来源与含杂情况。棉纤维的组成因其生长环境及地域的不同而不同，因此不同地域、不同环境的棉纤维的含杂情况及组成也是不相同的。在相同条件下对两块不同织物进行处理，煮练效果也会不同。

(2) 煮练液的组成。煮练液由主练剂和助练剂组成，助练剂的选择也是非常重要的。煮练液中加入渗透剂后，渗透剂一方面起乳化、洗涤作用，另一方面可降低水分子的表面张力，使煮练液在被处理坯布上较好地浸润、铺展，润湿性、渗透性提高有助于提高煮练效果。再者，加入性能优良的精练剂以及螯合剂也可提高煮练效果。

(3) 工艺参数。煮练效果除了在很大程度上取决于煮练液的组成外，还与烧碱的用量、煮练温度、时间、浴比的大小、渗透剂的种类和用量以及其他助练剂的种类和用量等工艺参数有关。

(4) 煮练设备的选择。不同的煮练设备具有不同的特点、工作原理以及适用加工对象，因此要根据不同的加工对象选用最合适的加工设备，才能生产出煮练效果优良的产品。

2. 煮练工艺因素分析及操作

煮练工艺参数是影响煮练效果的一个重要因素。现主要就煮练工艺中碱液浓度、煮练温度和煮练时间等因素对煮练效果的影响进行分析。

(1) 碱液浓度。根据测定可知，每 100 g 棉纤维使用烧碱进行煮练时，果胶质生成果胶酸钠要耗用 0.2～0.3 g 烧碱，蜡质中的脂肪酸皂化需耗用 0.1 g 烧碱，含氮物质分解成氨基酸盐要耗碱 1 g，棉纤维中的羟基要耗碱 0.2～0.3 g。另外，在浓度为 1%的烧碱溶液中，100 g 棉纤维要吸附 1～2 g 烧碱。所以烧碱的用量按理论计算为布重的 2.5%～3.7%。但为了防止与烧碱作用后的杂质再度重新黏附于织物上，煮练废液中还需保持一定的烧碱浓度。根据经验，煮练结束后，废液中烧碱含量应大于2 g/L。故烧碱的实际用量相当于布重的 3%～4%。烧碱的用量还应根据织物的品种、上浆含杂情况、采用设备类型、精练方式、其他工艺条件和对产品的质量要求等进行考虑。

在一般情况下，用煮布锅煮练时，当其浴比（织物重量与工作液体积之比）为

1：(3～4)时，烧碱的浓度为 10～15 g/L；而用常压连续汽蒸煮练时，由于汽蒸时间短、温度较低，因此要提高碱液浓度，一般中厚织物的碱液浓度可提高到 25～30 g/L，厚重织物为30～50 g/L。若采用其他一些练漂设备，也应适当调整烧碱的浓度。

(2) 煮练温度。煮练温度是对化学反应影响最大、最重要的因素。提高煮练温度，可使烧碱与天然杂质的反应速度大大提高，并且有利于杂质的去除。杂质的去除情况随温度的不同而不同。

表 1—4—1 中的实验数据是在烧碱浓度为 1%、煮练时间为 6 h 的条件下测得的。从表中可以看出，煮练温度在 100～140℃时，棉纱煮练失重量变化不大。在 100℃左右煮练时，存在于棉纤维中的大部分杂质都可以被去除。而且，从表中还可以得知，随着温度的升高，残蜡含量逐渐下降，若温度再升高时，也有利于改变纤维初生胞壁状态，从而提高煮练效果，因而煮练都是在高温条件下进行的。一般煮布锅煮练压力为 196.4 kPa（2 kgf/cm^2），温度为 130～135℃，常压汽蒸煮练温度为 100～102℃，高温高压煮练压力为 196.4～294.6 kPa，温度为 130～140℃。

表 1—4—1　　不同煮练温度时杂质去除情况

煮练温度（℃）	煮练失重（%）	残蜡含量（%）
50	4.1	0.49
100	5.2	0.36
116	6.9	0.21
125	7.0	0.20
134	7.2	0.18
141	7.2	0.17

(3) 煮练时间。煮练时间是影响煮练效果的重要因素之一，长时间煮练有利于提高煮练质量的均匀性。

在开始煮练的几分钟内，大约消耗 20%的烧碱，在 1 h 内烧碱的消耗量可达 60%左右。其余时间里烧碱消耗很慢，一直延续到剩余的煮练过程中。一般煮布锅煮练为 3～5 h；常压汽蒸煮练为 1～1.5 h，煮练一次或两次；高温高压煮练为 3～5 min。煮练时间和煮练温度密切相关，一般温度高，煮练时间可缩短；反之，煮练时间要延长。

五、煮练效果的评定

棉布的煮练效果包括织物的润湿性、除杂率、手感、白度、织物的强力损失以及有无练疵等。煮练后棉布的润湿性常用毛细管效应来衡量，即将棉布一端悬挂在支架上、下端垂直浸入水中，液体即沿着织物中纤维形成的毛细管上升至一定高度，单位以 cm 表示。通常测量在 30 min 后液体沿经向上升的高度（cm），要求毛效在 30 min 内上升高度大于 8 cm。可用油脂、蜡质残留量的百分率来反映煮练的去杂效果，一般要求残蜡含量在0.2%左右。可用白度仪测定织物的白度，用铜氨溶液的流度或测定织物强力的大小来表示织物的受损程度。还可同时使用这些指标，综合衡量煮练质量的优劣。

六、生产实践分析

在煮练过程中，棉织物会由于种种原因（如没有严格按照操作规定、不严格执行配料规定、布匹堆置不匀、水质变化及水洗不充分等）影响煮练效果，产生煮练瑕疵。煮练的瑕疵主要有斑渍，如间断性生斑、碱斑、钙斑、黄斑、泡花碱斑、间断性水洗不匀造成染后不规则的块状色斑等。另外，还有棉纤维受到损伤、强力降低等。

1. 铁锈斑和碱斑

铁锈斑和碱斑指织物局部带有残液的暗棕色斑渍。铁锈斑主要是由于管道腐蚀后产生的铁屑较多、水质较硬而生成。碱斑主要是碱液在织物上干涸而成。

（1）碱斑产生原因

1）当煮练浴比过小或中途漏液，部分织物未浸没于煮练液中，在织物上煮练残液干涸形成碱斑，甚至造成局部碱缩。

2）煮练完毕后，如果排液过快、过多，洗涤水进水过慢、过迟或水量不足而造成部分织物未浸没于水中，也会造成碱斑。

3）出锅后，织物仍带有一部分残液，如酸洗不及时或不充分，使残液吸附于织物上，也易形成碱斑。

4）回收碱中含杂质多。软水剂纯碱与碱液中的钙、镁、铁等离子形成碳酸钙、碳酸镁、氢氧化铁等微小沉淀。如果未能及时有效将沉淀去除，其随着煮练液在锅内反复冲吸而吸附在浮面的织物上就会形成碱斑。

（2）解决办法。合理控制浴比，防止煮练过程漏液，保证织物完全浸没于煮练液中；保证煮练后酸洗、水洗效果，防止水洗不匀不净，造成局部残留碱液；要解决由于浮面布吸附微小沉淀和其他杂质的问题，最有效的办法是使用螯合剂，螯合剂可把这些沉淀变成可溶解的螯合物，其不会沉积在织物上，极易清洗干净。

（3）修复办法。可用热的稀草酸和醋酸混合液或热水反复洗涤去除碱斑，严重的需进行复练，如果已造成局部碱缩的，则无法回修。

2. 生斑

生斑是局部织物呈暗黄色的斑渍。

（1）产生原因

1）煮练液中化学试剂用量不足。

2）煮练温度过低，煮练时间太短。

3）升压过快，造成升温过快。

4）浴比过小，中途漏液，使部分织物未浸没于煮练液中。

5）锅内织物堆置过紧、液泵的流量和流速不足造成煮练液循环不畅。

(2) 解决办法

1) 制定并严格执行煮练工艺，特别要注意控制升压升温速度和煮练温度。

2) 合理控制浴比，防止煮练过程中漏液。

3) 织物装锅时堆置不要过紧，控制液泵流量和流速，使练液循环畅通、均匀。

(3) 修复办法。可重复煮练进行回修。重复煮练时烧碱和表面活性剂的用量可略低。

3. 钙斑

钙斑的颜色和煮后织物颜色相似，因此其在外观上不易被发现，但钙斑存在会使织物手感粗硬，甚至产生拒水性。

(1) 产生原因。煮练过程中和练后水洗时，如用水过硬，则织物容易吸附钙皂、镁皂或无机钙盐而形成钙斑。

(2) 解决办法。整个操作过程中要使用软水。

(3) 修复办法。可用热的稀酸反复洗涤，使钙盐溶解。

4. 黄斑

黄斑指织物局部带有暗棕色的斑渍。

(1) 产生原因。如果煮练及水洗过程中的用水中含有大量泥沙或铁质，则易形成黄斑。

(2) 解决办法。注意用水质量和送水管道的质量。

(3) 修复办法。如果黄斑是由泥沙造成的，则可用水反复洗涤；若是由铁质造成的，则可以用 2～3 g/L 草酸溶液在中温条件下进行处理，铁离子与草酸形成可溶性草酸铁络合物而被去除。

5. 煮练液色素斑

(1) 产生原因。锅内织物堆置不匀，鹅卵石破碎后堵塞板孔或织物接触铁板，排液水洗时水源短路，冲洗流动量不够，残液浓度高，水洗时温度低，冲洗时间短，造成出锅时局部带碱而导致漂白不匀。

(2) 解决办法。堆布尽量松、匀，严格控制碱的浓度，排液后加强第一箱水质控制并充分水洗。

6. 染色后布面出现无规则深色斑

(1) 产生原因。首先，排液降压过程中，在排液 15 min 左右时，锅内压力大大降低，锅身下半部分练液排放相对缓慢。因此，滞留于下半锅织物之间的残液在压力较低时一时不能排尽。残液在高温真空状态下 5～8 min 可全部汽化干涸，在织物上产生斑渍。经过漂洗后若存在碱斑，一旦染色，织物上就有深色斑。其次，如果残液滞留在直接与锅壁接触的织物（特别是下半锅靠壁部分）上，在锅壁的烘烤下，则滞留残液沸腾汽化更快。如热水一时未能压入，极有可能造成这类斑渍。另外，细密织物因为织物间排液不顺畅容易产生这类斑渍。

(2) 解决办法。一旦产生此斑，则使织物染色后形成无规则深色斑，回修时不能酸洗，只能靠反复剥色后再复染，所以必须事先预防。

7. 纤维脆损

纤维脆损在外观上不易被发现，通过测定织物断裂强度或聚合度大小才能发现它。脆损瑕疵一经发生则无法挽回。

（1）产生原因

1）高压煮练时，锅内空气排除不尽。

2）浴比过小或中途漏液，部分织物未浸没于煮练液中。

3）煮练温度过高。

4）织物上黏附铁锈、铁屑，易造成纤维脆损。

5）出锅酸洗后，如果水洗不及时或不充分，织物带酸风干，易造成纤维脆损。

（2）解决办法。高压煮练前，尽量排净锅内的空气；煮练浴比要适当，且要防止中途漏液；严格控制煮练温度；防止织物黏附铁锈、铁屑；酸洗后及时进行充分水洗。

棉织物的煮练

一、训练准备

1. 仪器设备

托盘天平、电炉、玻璃棒、染杯（1 000 mL）、量筒、温度计、毛细管效应架。

2. 化学品

NaOH、高效精练剂、无磷螯合分散剂。

3. 实验材料

纯棉平纹细布 50 g。

二、训练操作

1. 设计工艺处方

NaOH 30 g/L，高效精练剂 5 g/L，无磷螯合分散剂 1 g/L。

2. 设计工艺条件

坯布→浸渍煮练液（室温）→煮布（98～100℃，60 min，浴比 1∶20）→水洗→晾干。

3. 操作步骤

（1）称取规定量织物。

（2）按处方配好煮练液。

（3）将坯布投入配好的煮练液中，室温浸透（1～2 min）。

（4）升温至规定温度，保持 60 min。

（5）水洗或用 2%硫酸洗至中性，晾干。

三、结果与讨论

1. 测定煮练后织物的毛效，以评定煮练效果。
2. 讨论还可以采用其他哪些方法来评定煮练效果。

思考与练习

1. 为什么要对织物进行煮练?
2. 煮练用剂都有哪些?
3. 煮练都有哪些设备?
4. 如何评定织物的煮练效果?

第五节 漂 白

学习目标

1. 掌握氯漂、氧漂、亚漂的原理及特点。
2. 能根据要求制定漂白工艺。
3. 会进行漂白效果的检测。

棉布经过煮练后，虽然在一定程度上去除了大部分的天然杂质，织物的吸水性也得以提高，但是色素仍然存在。这不仅影响到织物的白度，而且影响了染色和印花织物的色泽鲜艳度。因此，绝大部分产品在退浆、煮练完成后，还要经过漂白加工。

漂白的目的主要是去除棉纤维中的天然色素以提高织物的白度，同时进一步去除经煮练后仍残留在织物上的少量杂质（如棉籽壳、蜡质、含氮物质等）以进一步提高棉织物的吸水性。

棉布漂白过程中使用的漂白剂主要有两大类型，即还原型漂白剂和氧化型漂白剂。还原型漂白剂主要有亚硫酸氢钠、连二亚硫酸钠（俗名保险粉）以及二氧化硫脲等。这类漂白剂主要通过还原作用将色素破坏而达到漂白目的，但效果不稳定，漂后的织物如在空气中长期放置，已被破坏的色素会重新被空气中的氧气氧化而复色。除非有特殊要求，一般很少使用还原型漂白剂。氧化型漂白剂种类繁多，如过氧化氢、次氯酸钠、亚氯酸钠、过醋酸、过硼酸钠以及高锰酸盐等。生产中广泛使用的是前三种，其中使用最多的是过氧化氢。这一类漂白剂主要通过氧化作用来破坏色素，但如果操作条件控制不当，将会氧化纤维素，使纤维受到损伤。因此，漂白时必须严格控制工艺条件，尽可能将织物漂白至所需白度，而又要保持纤维应有的强度。棉布漂白后，应进行半制品质量检验，以衡量漂白质量效果。检验内容包括棉布的白度和纤维的损伤程度。

白度可用数字白度仪测定，纤维的损伤程度可用漂白前后棉布强度的变化或聚合度变化来衡量。

用于织物漂白的设备，有以平幅方式加工的，也有以绳状方式加工的；有松式加工的，也有紧式加工的；有连续式加工的，也有间歇式加工的。

织物的漂白方式主要有三种：浸漂、淋漂和轧漂。浸漂是织物浸在漂液中漂白；淋漂是织物放在槽中，漂液不断循环淋洒在织物上；轧漂则是织物浸轧漂液后，在大型容布器或其他设备中堆放一定时间漂白。目前棉织物漂白以轧漂为主。

一、次氯酸钠漂白

次氯酸钠漂白适于中低档棉及其混纺织物的漂白，由于环保因素，正逐渐由过氧化氢替代。

1. 次氯酸钠的性质及其漂白原理

（1）次氯酸钠的性质。次氯酸钠分子式为 NaClO，其溶液为无色或淡黄色带刺激性气味的液体，俗称漂白水。次氯酸钠的漂白过程简称氯漂。次氯酸钠溶液是一种复杂且不稳定的化学体系，其组成随 pH 值变化而不同：当次氯酸钠溶液 pH 值>9 时，溶液中主要含 NaClO，此时溶液较稳定；当溶液 5≤pH 值≤9 时，溶液中 HClO（次氯酸）含量增加，溶液稳定性下降；当 pH 值<5，溶液中 Cl_2 含量增加，HClO（次氯酸）含量不断下降，溶液稳定性继续下降。因此，为提高次氯酸钠储运的稳定性，必须保持其溶液的碱性条件，pH 值约为 12。

（2）漂白原理。次氯酸钠溶液的组成随 pH 值变化而不同，在酸性条件下，漂白成分主要是 HClO、Cl_2，而在碱性范围内主要是 HClO。HClO 和 Cl_2 可发生多种形式的分解，这些分解产物对色素产生破坏作用，达到消色漂白的目的。

2. 次氯酸钠漂白工艺条件

选择合适的次氯酸钠漂白工艺，应注意漂液的 pH 值、温度、浓度及漂白时间、脱氯等。

（1）溶液 pH 值。在酸性条件下，次氯酸钠的漂白速率很快，但由于有大量氯气逸出，对环境及劳动保护不利，因此生产中一般不在酸性条件下漂白。当 pH 值=7 时，漂白速率较快，但棉纤维在中性条件下聚合度较低，纤维易受损伤。有测试表明，将中性漂白后的织物经 1 g/L 烧碱溶液沸煮 1 h 后，测其强力显著下降，说明织物潜在损伤严重。所以次氯酸钠漂白也不宜在中性溶液中进行。当 pH 值=9～11 时，漂白速率稍慢，但由于棉纤维在此条件下聚合度较大，受损伤较小，因此有利于漂白操作；当 pH 值>11 时，棉纤维受损会更小，但漂白速率更慢，生产效率下降。综上所述，次氯酸钠漂液的 pH 值为 9～11 时为宜。漂白过程中，由于碱性物质的消耗，漂液的 pH 值会逐渐下降。因此，连续轧漂时，应通过不断补充新鲜漂液稳定 pH 值；淋漂和浸漂时，应适当加入碱剂，如纯碱、小苏打、水玻璃等作为缓冲剂，防止漂液 pH 值下降，损伤纤维。

（2）漂液温度。温度对次氯酸钠漂白的影响较大。当溶液 pH 值=11 时，温度每升高 10℃，漂白速率增加 2.3 倍，而纤维损伤速率提高 2.7 倍。为获得良好的漂白效果，氯漂温度一般选择20～30℃，温度超过35℃会使纤维损伤严重。夏季气温较高，应适当降低漂液浓度，缩短漂白时间。

（3）漂液浓度。在一定的pH值和温度下，提高漂液浓度会使棉织物的白度相应提高。但当次氯酸钠的浓度提高到一定程度以后，白度不会再明显增加，而织物的损伤却会加剧。一般来说，轧漂可将有效氯浓度（即次氯酸钠溶液加酸后释放出氯气的量）维持在1～3 g/L，绳状漂白为1～2 g/L，平幅漂白为1.5～3 g/L，淋漂和浸漂为0.5～1.5 g/L。

（4）漂白时间。绳状轧漂的堆置时间为30～45 min，平幅轧漂为25～30 min，如漂液浓度或温度较低时可适当延长时间。

（5）脱氯。棉织物经次氯酸钠漂白和水洗后，少量的氯仍残留在织物上，造成织物强力下降和泛黄等问题。常用脱氯剂有硫代硫酸钠（大苏打）、硫酸、双氧水等，目前一般工厂常选用硫酸脱氯。

3. 次氯酸钠漂白工艺（以连续轧漂为例）

次氯酸钠连续轧漂工艺流程：水洗→浸轧漂液→堆置→水洗→酸洗→水洗。

工艺处方及条件见表1—5—1。

表1—5—1　　次氯酸钠连续轧漂工艺处方及条件

主要工艺流程	项目		棉布	
			薄织物	厚织物
浸轧漂液	有效氯浓度（g/L）	绳状	0.8～1.5	1.5～2.5
		平幅	1.5～2.0	2.0～3.0
	pH值		9.5～10.5	9.5～10.5
	温度（℃）		20～30	20～30
	轧液率（%）	绳状	110～130	110～130
		平幅	80～90	80～90
堆置	时间（min）	绳状	40～60	40～60
		平幅	40～50	40～50
酸洗	H_2SO_4（g/L）	绳状	1～3	1～3
		平幅	2～3	2—3

二、过氧化氢漂白

过氧化氢又称双氧水，分子式为H_2O_2，其是一种较强的氧化剂。双氧水漂白过程简称氧漂，其漂白产品的白度和白度稳定性好，并且较次氯酸钠损伤纤维的程度小。由于氧漂是在碱性条件下进行的，对退浆和煮练要求较低，有利于退、煮、漂的连续化进行。但氧漂对设备要求较高，以采用不锈钢材料为宜。氧漂的适应性广，可用于纯棉及其混纺织物，也可用于合成纤维及其混纺织物，可单独使用，也可以联合漂白，如氯—氧双漂、亚—氧双漂等。

1. 过氧化氢的性质及其漂白原理

（1）过氧化氢的性质。过氧化氢为无色无味液体，染整生产中常用浓度为30%～35%。当pH值<5时，过氧化氢稳定性较好；当pH值接近5时，过氧化氢开始分解，分解速率随着溶液pH值的增加加快。一些重金属离子对过氧化氢的分解有催化作用，如铁和铜等金属离子，所以氧漂浴中应避免此类物质的存在。

（2）过氧化氢的漂白原理。在碱性条件下，过氧化氢分解产生大量的HO_2^-，HO_2^-可与色素中的双键发生作用使其消色，从而达到漂白的目的。另外，双氧水分解还会产生自由基，特别是HO自由基。自由基不仅能破坏色素，还能氧化纤维素，使纤维受到损伤。若漂液中含铜、铁等金属离子，会催化双氧水迅速分解产生O_2，高温下O_2能渗透到织物内部氧化纤维素，使织物强力下降甚至产生破洞。

2. 过氧化氢的漂白工艺条件分析

（1）过氧化氢漂白的主要工艺条件。它包括双氧水浓度、漂液pH值、温度、漂白时间以及是否加入稳定剂等。

1）双氧水浓度。一般为2～6 g/L。浓度低时漂白白度较低，但浓度若超过6 g/L，纤维聚合度会有较大下降。若煮练效果差、白度要求较高时，浓度相应增加；反之则减小。

2）漂液pH值。漂液的pH值对织物的白度有重要影响。当pH值<9时，织物白度随pH值增大而提高；当pH为9～11时，织物白度达到最佳水平；若pH值进一步提高，织物白度反而有所下降。从对织物强力的影响方面来看，漂液的pH值<3或pH值>10时，织物强力明显下降；而pH值为3～10时，织物强力较高且变化不大，但当pH值=3～6时，虽然织物强力较高，纤维聚合度却较低，此条件下织物可能存在潜在损伤。因此综合考虑，漂液的pH值控制为10～11为宜。

3）漂液温度。在室温下，双氧水漂白的速率比较缓慢；当温度在90～100℃时，织物的白度最高，且对纤维损伤较小。

4）漂白时间。一般来说，漂白温度越高，所用时间越短。若采用冷漂工艺，在室温下堆置，需12 h以上，甚至24 h；若采用汽蒸工艺，则需60 min；若采用高温高压工艺，温度在130～140℃时，则需1～2 min。

5）稳定剂。因双氧水溶液中一般都加有大量的酸，所以在使用时，必须添加活性剂（如碱剂）以活化双氧水，但过量的碱会加剧双氧水分解。为使反应便于控制，使稳定作用和分解作用达到平衡，需向双氧水中加入稳定剂。常用的稳定剂有硅酸钠（水玻璃）等。

（2）常用稳定剂。硅酸钠对双氧水的分解有较好的稳定作用，因为其中的硅链可以与铁、锰等重金属离子结合，使这些重金属离子失去对双氧水分解的催化作用。然而，硅酸钠对双氧水的稳定作用，只有在钙、镁离子存在时才比较显著。所以双氧水漂白可使用硬水，若使用软水，则需加入0.1～0.2 g/L硫酸镁。硅酸钠与双氧水用量比为2∶1较适宜，过多会使织物手感发硬。由于硅酸钠具有碱性，双氧水漂白的碱性环境中，总碱量的60%～80%由硅酸钠提供，其余20%～40%则由氢氧化钠提供，通过它们将漂液pH值调节在10.5～11之间。硅酸钠具有使用方便、价格便宜、稳定效果好等优点，因此在氧漂中广为使用。但硅酸钠易在织物和设备上生成坚硬难溶的沉淀物“硅垢”，使织物造成擦伤、破洞和皱痕。因此，目前许多企业已开始接受非硅型氧漂稳定剂，它们通常是由有机多价螯合物、表面活性剂、镁或钙盐及磷酸盐组成，其用量一般为漂液用量的0.5%～1.0%。这类稳定剂有较好的稳定效果，不结垢，易于清洗，产品手感好，但漂后白度不及硅酸钠。

3. 过氧化氢漂白工艺及方式

以连续汽蒸漂白为例，工艺流程：浸轧漂液→汽蒸→水洗。工艺处方及条件见表1—5—2。

表1—5—2　双氧水漂白处方及主要工艺条件

<table>
<tr><th rowspan="2">主要工艺流程</th><th rowspan="2" colspan="2">项目</th><th colspan="2">纯棉织物</th></tr>
<tr><th>薄织物</th><th>厚织物</th></tr>
<tr><td rowspan="9">浸轧漂液</td><td rowspan="2">H_2O_2（100%）(g/L)</td><td>绳状</td><td>2～2.5</td><td>3～4</td></tr>
<tr><td>平幅</td><td>2～3</td><td>3～5</td></tr>
<tr><td colspan="2">稳定剂用量（g/L）</td><td>4～6</td><td>5～8</td></tr>
<tr><td colspan="2">渗透剂用量（g/L）</td><td>1～2</td><td>1～2</td></tr>
<tr><td colspan="2">烧碱用量（g/L）</td><td>适量</td><td>适量</td></tr>
<tr><td colspan="2">pH值</td><td>10.5～11</td><td>10.5～11</td></tr>
<tr><td rowspan="2">轧液率（%）</td><td>绳状</td><td>110～130</td><td>110～130</td></tr>
<tr><td>平幅</td><td>80～90</td><td>80～90</td></tr>
<tr><td colspan="2">浸轧温度（℃）</td><td>室温</td><td>室温</td></tr>
<tr><td rowspan="2">汽蒸</td><td colspan="2">温度（℃）</td><td>95～100</td><td>95～100</td></tr>
<tr><td colspan="2">时间（min）</td><td>45～60</td><td>45～60</td></tr>
<tr><td>水洗</td><td colspan="2">水洗温度（℃）</td><td>85～90</td><td>85～90</td></tr>
</table>

三、亚氯酸钠（$NaClO_2$）漂白

亚氯酸钠是一种比较温和的氧化剂，对棉纤维损伤小，去杂效果好，特别是去除棉籽壳能力强，可用于棉、合成纤维及其混纺织物的漂白，但不适于蛋白质纤维。亚氯酸钠漂白成本高，漂白过程中会产生有毒的二氧化氯气体，因此在使用上受到限制。

1. 亚氯酸钠的性质及其漂白原理

亚氯酸钠有固液两种形态。固态亚氯酸钠的含量约为80%，常温下即可保存，但遇有机物易燃，储存时需注意防火。液态亚氯酸钠的浓度为10%～25%，需在pH值为10左右的碱性条件下保存。亚氯酸钠在碱性条件下较稳定，在酸性条件下易分解，分解产物主要有$HClO_2$、ClO_2、Cl^-、ClO_3^-、[O]等。一般认为$HClO_2$的存在是漂白的必要条件，而ClO_2则是漂白的有效成分。

2. 亚氯酸钠漂白工艺条件

(1) 漂液 pH 值。当 pH 值>7 时，织物白度差，纤维损伤明显，因此亚氯酸钠不宜在中性及碱性条件下漂白；当 pH 值较低时，织物白度差，纤维损伤明显，所以也不宜在强酸条件下漂白；pH 值在 4.6～5.5 时漂白，可获得较好的白度，且对纤维损伤较小，实际应用中，为提高漂白速率，通常在 pH 值为 4～4.5 时漂白。

(2) 活化剂。因亚氯酸钠须在碱性条件下保存，但须在酸性条件下漂白，因此使用时须加活化剂，使漂液由碱性变为酸性，以释出漂白的有效成分。常用的活化剂种类有：

1) 酸类活化剂。无机酸如硫酸、盐酸，有机酸如甲酸、醋酸等，都可用作活化剂。因无机酸酸性太强，漂液 pH 值下降太快，通常先用无机酸调节漂液 pH 值至 7 左右，再用有机酸调节至合适 pH 值。

2) 酯类活化剂。有机酯在常温下为中性，待汽蒸时可以释放出羧酸，如乳酸乙酯、酒石酸二乙酯、醋酸乙酯、酒石酸乙酯等活化剂效果温和，有利于劳动保护。

3) 铵（胺）类活化剂。这类活化剂在高温条件下释放出酸，如硫酸肼、甲酸肼、六亚甲基四胺、硫酸铵、磷酸铵、醋酸铵、氯化铵等，同时它们还可以放出氨气。氨气可以抑制二氧化氯的释放，对劳动保护有利。在亚氯酸钠漂液中，除了活化剂外，还需加入一些缓冲剂，如磷酸二氢铵、焦磷酸钠、水合肼等，以保持 pH 值的稳定。

(3) 漂液浓度。在其他条件不变的情况下，织物白度随漂液浓度增大而提高，但达到一定浓度后，白度提高就不显著了。一般连续汽蒸漂白时，漂液浸轧浓度为 15～25 g/L。

(4) 漂白时间和温度。一般连续汽蒸漂白时间为 60～90 min。延长漂白时间有利于白度的提高，但时间过长会引起纤维损伤。温度升高也有利于白度提高，通常用有机酸作活化剂时，温度选择 80℃；若用有机酯作活化剂，温度则要提高到 95℃。

3. 亚氯酸钠漂白方式和工艺

亚氯酸钠漂白最常用的方式是平幅连续轧漂法。

(1) 工艺流程。浸轧漂液→汽蒸→水洗→脱氯→水洗。

(2) 工艺处方

漂液：亚氯酸钠（100%）15～25 g/L，渗透剂 3～5 g/L，常用活化剂及漂前漂液 pH 值见表 1—5—3。

脱氯：硫代硫酸钠脱氯：大苏打或亚硫酸氢钠 1～2 g/L，纯碱 1～2 g/L；双氧水脱氯：双氧水 1～2 g/L。

(3) 工艺条件。轧漂温度为室温，轧液率 80%～90%，汽蒸温度 100%～102℃，汽蒸时间 60～90 min。

表 1—5—3　　亚氯酸钠漂白常用活化剂及漂前漂液 pH 值

活化剂种类	用量（g/L）	漂前漂液 pH 值
六亚甲基四胺	1～2	7～8
磷酸铵	3～5	6～7
硫酸肼（硫酸联胺）	0.5～1	3.5～4

四、几种常用漂白剂及其工艺比较

几种常用漂白剂及其工艺比较见表1—5—4。

表1—5—4　几种常用漂白剂及其工艺比较

项目	双氧水	次氯酸钠	亚氯酸钠
白度	好	一般	很好
白度稳定性	不易泛黄	脱氯不净、易泛黄	脱氯不净、易泛黄
手感	好	较好	好
去杂效果	较好	差，但对棉籽壳效果明显	好，对织物煮练要求低
棉纤维强力损伤	一般	较大	较小
常用漂白方式	连续轧蒸漂	冷漂	连续轧蒸漂
漂液pH值	10～11	9～11	3.5～4
漂白用特殊用剂	稳定剂	无	活化剂
设备要求	中（不锈钢）	低（陶瓷、塑料、石制均可）	高（钛板）
劳动保护	无毒无害	有氯气放出，需排风设备	有ClO_2气体放出，排放设备要求高
成本	中	低	高
品种适应性	大，适用于棉及其混纺高档织物、蛋白质纤维织物	小，适用于棉及其混纺的中、低档织物	较大，适用于较高档的棉及其混纺织物

五、漂白效果的评定

漂白的效果通常用织物的白度来评定，但也要考虑纤维的强度。白度可以在白度仪上测量。通过测定织物在漂白前后的强力变化，可以判断织物的受损程度。通过测定织物碱煮（1 g/L氢氧化钠溶液煮沸1 h）后的强力变化，可以较全面地反映棉纤维的受损情况（包括受到的潜在损伤）。

双氧水漂白

一、训练准备

1. 仪器设备

托盘天平、蒸箱（或蒸锅）、玻璃棒、烧杯（200 mL、500 mL）、量筒（10 mL、100 mL）、温度计、角匙、烘箱。

2. 化学品

NaOH、双氧水、硅酸钠、渗透剂JFC、无磷螯合分散剂。

3. 实验材料

经退浆和煮练的纯棉布。

二、训练操作

1. 设计工艺处方

100%过氧化氢 5 g/L，35%硅酸钠 6～8 g/L，渗透剂 JFC 2 g/L，无磷螯合分散剂 0.5～1 g/L，30%氢氧化钠适量。

2. 设计工艺条件

棉布→浸渍或浸轧漂液（室温，轧液率 100%）→汽蒸（98～100℃，45～50 min）→水洗→晾干。

3. 操作步骤

（1）称取规定量染化料。

（2）按处方配好漂液。

（3）将棉布投入配好的漂液中，室温浸透（30 s）。

（4）除去织物上多余漂液，汽蒸。

（5）水洗后晾干，测定白度。

三、结果与讨论

1. 测定漂白后织物的白度，以评定漂白效果。
2. 测定织物漂白前后的强力变化，判断其受损程度。

思考与练习

1. 为什么要对织物漂白？
2. 漂白方式有哪几种？各有什么特点？
3. 如何评定织物的漂白效果？

第六节 增 白

1. 明确增白的原理。
2. 能根据要求制定增白工艺。

漂白后的棉织物，一般仍带有些黄色光，可以通过增白处理来矫正色光并提高白度。

一、上蓝增白

上蓝是棉织物增白最早采用的方法，即用少量蓝、紫色的染料或涂料（如涂料蓝FFG 0.005～0.01 g/L）上染织物，利用互补色光的原理消除织物上原有的黄光。但上蓝的增白效果较差，产品略显灰暗，目前已很少单独使用，多用于调节荧光增白剂的色光。

二、荧光增白剂增白

荧光增白剂是一种荧光染料，或称为白色染料。它是一种复杂的有机化合物，分子结构中具有共轭双键。荧光增白剂常被应用于棉织物的增白处理。它的特性是能吸收入射光线中的紫外线，而进入能量较高的激发态，一旦再回到能量较低的基态时，就会发出波长较长的可见光（即荧光）。

荧光增白剂吸收的紫外光波长在335～365 nm之间时，反射出波长为450 nm的蓝色荧光。这种蓝色荧光恰好与漂白织物上的黄光互补，使织物上的黄光得以消除，所染物质获得类似荧石的闪闪发光的效应，使肉眼看到的物质很白，达到增白的效果。由于荧光增白剂吸收的是不可见的紫外光，而反射出的是可见光，使织物对光的总反射率大大提高，甚至超过100%，从而使织物外观洁白、光亮。

荧光增白剂可以吸收不可见的紫外线（波长范围为360～380 nm），将光线转换为波长较长的蓝色或紫色的可见光，可以补偿基质中不想要的微黄色，同时反射出比原来入射波长（400～600 nm）范围更广的可见光，从而使制品显得更白、更亮、更鲜艳。

常用于棉的荧光增白剂为荧光增白剂VBL，其为淡黄色粉末，易溶于水，耐硬水，耐晒，耐洗，色牢度好，但耐氯较差，且不耐强酸、强碱及还原剂。

棉织物的荧光增白浸轧法工艺如下：

工艺处方：荧光增白剂VBL 0.5～3 g/L，涂料蓝FFG 0.005～0.015 g/L，涂料紫FFRN 0.006～0.01 g/L，表面活性剂0.25～0.5 g/L。

工艺条件：浸轧液pH值8～9，浸轧温度40～45℃，浸轧方式为二浸二轧，轧液率70%。

棉织物的荧光增白

一、训练准备

1. 仪器设备

托盘天平、玻璃棒、烧杯（200 mL、500 mL）、量筒（100 mL）、温度计、角匙、烘箱、电炉、小轧车。

2. 化学品

荧光增白剂 VBL、渗透剂 JFC。

3. 实验材料

纯棉漂白布 2 块。

二、训练操作

1. 设计工艺处方

荧光增白剂 VBL 0.5～3 g/L，渗透剂 JFC 0.25～0.5 g/L。

2. 设计工艺条件

棉漂白布→浸轧增白液（40～45℃，轧液率 70%）→90℃以下干燥。

3. 操作步骤

（1）称取规定量染化料，配制增白液。

（2）将棉漂白布投入配好的增白液中，充分浸透（1～2 min）。

（3）一浸一轧或二浸二轧，轧液率 70%～100%。

（4）取出布样，烘干后测定白度。

三、结果与讨论

比较织物增白前后的白度，评价增白效果。

思考与练习

1. 荧光增白剂的增白原理是什么？
2. 荧光增白的工艺过程是怎样的？

第七节　开幅、轧水、烘燥

学习目标

1. 了解开幅、轧水、烘燥的目的。
2. 了解开幅机、轧水机的组成及作用。
3. 掌握常用烘燥方式及特点。

织物经历了绳状前处理之后，要被展成平幅，除去水分，以适应后续的丝光、染色、印花等加工。这一过程就是开幅、轧水、烘燥，简称开轧烘。

一、开幅

将绳状织物扩展成平幅状态的工序叫作开幅。开幅使用的设备叫作开幅机，分为立式和卧式两种，其中卧式应用较多。开幅机的主要部件是快速转动的铜制打手和具有螺纹的扩幅辊。

1. 打手

打手是由转轴和两根弧形的铜管组成的，其功能是松展绳状织物。打手的转动方向与绳状织物的行进方向相反，织物在左右两个打手之间通过时因受到击打而展成平幅。

2. 螺纹扩幅辊

螺纹扩幅辊一般有两根，都是用铜或硬质橡胶制成的，表面有自中心向左右两侧分展的螺纹。织物在两根高速旋转的扩幅辊间穿过时，受到螺纹的摩擦，褶皱进一步展开，以达到扩幅的目的。

3. 平衡导布器

平衡导布器由三根导布辊组合而成，用来自动调整织物运行位置，使织物平展后位置稳定。

4. 牵引辊

牵引辊一般是木制的，由电动机经带轮带动，它的功能是牵引织物前进。

二、轧水

织物在开幅后仍然是湿态，带有大量水分，按状态分为两种：一种是自由水分，即织物表面和纤维间较大空隙中所含有的水分；另一种是结合水分，即织物通过物理形式结合的水分。自由水分可依靠机械压力除去，即轧水，而结合水则要通过烘燥除去。在烘燥前经过轧水，可以较大程度地消除之前绳状加工带来的折皱，使湿态下的织物经重轧获得平整；在流水冲击、轧辊挤压之下，可进一步去除杂质；轧水后的织物含水均匀，烘干时可降低能耗、提高效率。

轧水机由机架、水槽、轧辊和加压装置等主要部件组成。

1. 机架和水槽

机架一般由生铁制成，用以承托各部件。水槽可以采用各种材料，如不锈钢、塑料等，用以盛放水或其他工作液。水槽安装在轧辊下面，槽内有导布辊数根。

2. 轧辊

轧车由硬、软辊相间组合，织物在两轧辊间穿过，经一定的压力除去水分。一般硬辊为主动辊，由传动设备直接拖动；而软辊为被动辊，由主动辊摩擦带动。三辊浸轧机可作二浸二轧或一浸一轧用，两辊浸轧机仅作一浸一轧用。轧辊是轧车的主要部件，对轧车的性能起决定性作用。

3. 加压装置

轧水机的加压装置有杠杆、油泵或气泵等，可通过适当增大总压力、采用不同材料的软硬辊、减小轧辊直径及降低车速等方式降低轧液率。轧车的压力加在轧辊两端，易使轧辊弯曲变形，所以可采用中高轧辊抵消变形，从而提高轧液均匀度。

三、烘燥

经过轧水后的织物，还有一定量的结合水分，需要烘燥去除。目前常用的烘燥方式主要有烘筒、红外线和热风等。使用烘筒烘燥时，织物与热的金属烘筒表面接触，经过热传导加热烘干织物。立式烘筒烘燥机是比较常用的烘燥设备，一般由 2～3 个烘筒柱组成，每柱安装有 8～10 只不锈钢或铜质的烘筒，筒内可通入蒸汽加热。红外线烘燥利用红外线的热辐射烘干织物。热风烘燥则利用热空气蒸发掉织物内的水分。

思考与练习

1. 开幅机的主要部件有哪些？
2. 烘燥方式主要有哪几种？

第八节 丝 光

学习目标

1. 熟悉丝光的概念、原理和丝光棉的性质。
2. 掌握丝光工艺条件，能分析影响丝光效果的工艺因素。
3. 熟悉布铗丝光机的组成及其作用，能根据要求设计布铗丝光机丝光的工艺条件。
4. 了解丝光工序安排，能理解不同丝光工序安排的适应性。
5. 能分析丝光过程中易出现的疵病及其预防、解决的方法。

1844 年，英国化学家麦瑟（Mercer）在实验室用棉布过滤浓烧碱中的木屑时，发现棉布有收缩及增厚现象，且对染料的吸收能力增强了。为了纪念这位化学家，就把这种对棉织物的处理方式命名为麦瑟处理（Mercerizing）。麦瑟处理方式有两种，一种是棉纱线或棉织物在紧张（承受张力）状态下，借助于浓烧碱的作用，保持所需要的尺寸，以获得丝一般的光泽，这个过程称为丝光，适用于棉及其混纺机织物；另一种是纺织品在松弛状态下经浓烧碱溶液的处理，织物增厚收缩并具有弹性，这个过程被称为碱缩，多用于棉针织品的加工。

丝光在印染加工过程中是非常重要的工序，对提高棉织物印染制品的内在质量和外观质量起着极为重要、不可替代的作用。

一、丝光原理

丝光用剂多采用浓烧碱。利用浓烧碱溶液在一定张力条件下处理棉织物，能获得良好丝光效果，其根本原因是浓碱液能使棉纤维发生不可逆的剧烈溶胀，使纤维的物理、化学性能相应改变，呈现出优良的性能。产生这种不可逆溶胀的原因可用水合理论和渗透压理论来解释。

二、丝光棉的性质

1. 光泽

棉纤维在张力条件下经浓碱液处理后，由于不可逆溶胀作用，棉纤维的横截面由原来的腰子形变成椭圆形甚至圆形，胞腔收缩至基本消失，使棉纤维对光线产生有规则的反射，从而增强了纤维的光泽。其截面变化如图 1—8—1 所示。在丝光过程中，棉织物内纤维形态的变化是产生光泽的主要原因，张力则是增进光泽的一个重要因素。

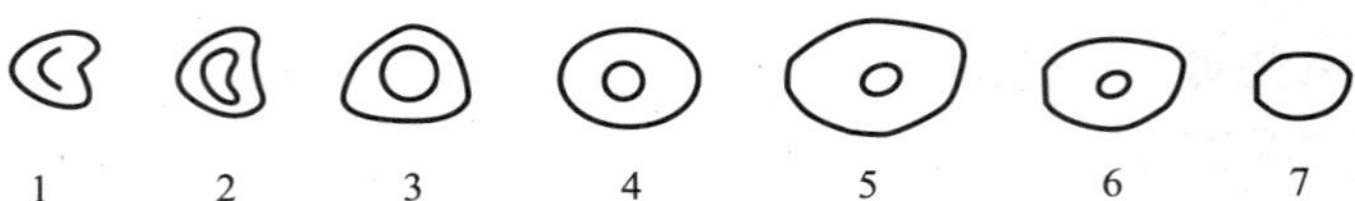

图 1—8—1　棉纤维在丝光过程中横截面的变化

1—未丝光棉纤维截面形态　2—浸渍碱液后截面形态略有变化　3—随时间而发生的截面形态变化
4—中和后截面形态有较大变化　5—洗去碱液后截面膨化而变成圆形，胞腔基本封闭
6—进一步水洗后截面略有收缩　7—干燥后截面有较大的收缩，且胞腔完全消失

棉纤维丝光前后纵向和横截面的变化如图 1—8—2 所示。

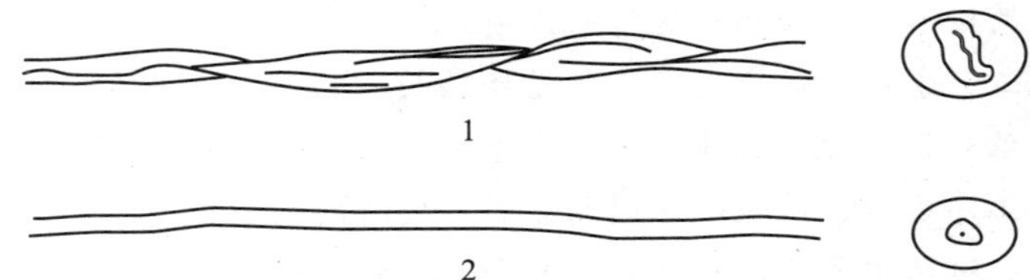

图 1—8—2　棉纤维丝光前后纵向和横截面的变化

1—天然棉纤维　2—丝光棉纤维

2. 吸附性能及化学反应性能

在膨化作用下，纤维素部分晶区分子间的氢键被打开，晶区减小，无定形区增多。而染料及其他化学试剂对纤维的作用发生在无定形区，所以丝光后纤维的化学反应性能和对染料的吸附性能都有所提高。

棉纤维对化学药品吸附能力的大小可用棉织物吸附氢氧化钡的能力来表示，称为钡值：

$$钡值=\frac{丝光棉纤维吸附氢氧化钡的量}{未丝光棉纤维吸附氢氧化钡的量}\times100$$

一般丝光棉纤维的钡值为 135 以上。用相同浓度的染料染色时，丝光棉所获得的染色深度较未丝光棉的高。但由于反应性强，丝光棉更容易被水解和氧化，故丝光棉纤维用酸或氧化剂处理时，应更加慎重。

3. 定形作用

在生长成熟过程中以及在纺织、印染加工过程中，因受到了较大的外力，棉纤维织物形态不稳定，遇水后便会发生变形收缩。

丝光时浓烧碱液使棉纤维发生剧烈溶胀，纤维的无定形区和部分晶区的氢键被大量拆散。在张力作用下，纤维素大分子进行取向的重新排列，在稳定的位置上建立起新的氢键，从而产生定形作用，使织物的尺寸稳定、缩水率下降。

4. 强度和延伸度

在丝光过程中，纤维大分子的排列趋向于整齐，取向度提高，同时纤维表面不均匀的变形被消除，薄弱部分的缺陷减少了。当受外力作用时，更多的大分子能均匀分担外力，因此断裂强度有所增加，断裂延伸度则下降。

三、大生产常用丝光设备及其丝光工艺条件

1. 丝光设备

棉布丝光是在丝光机上进行的。丝光机主要有布铗丝光机、弯辊丝光机和直辊丝光机三种，目前布铗弯辊、布铗直辊或弯辊直辊联合的丝光机也有应用。丝光机均由浸碱装置、扩幅装置、去碱装置和平洗装置组成。

布铗丝光机扩幅效果好，对降低纬向缩水率、提高光泽有较好的效果，使用较为广泛。下面简要介绍布铗丝光机结构。

布铗丝光机一般有单层和双层之分，但都由下列几个部分组成，平幅进布装置→前轧碱机→绷布辊筒→后轧碱机→布铗扩幅装置（包括链条和喷淋水洗）→冲洗吸碱装置→去碱蒸箱→平洗机→烘筒烘燥机→平幅出布装置。

（1）浸轧装置和绷布辊筒。前后两台浸轧槽，由浸渍槽和三辊重型轧车组成。浸渍槽内装有多只导辊，以延长织物在碱液中的浸渍时间，生产上一般采用多浸二轧方式，浸渍时间在 20 s 左右。浸轧槽通常具有夹层，夹层中可通流动冷水以降低槽内碱液温度。在前、后浸轧槽之间装有连通管，以便碱液流动。

在生产中，为防止表面丝光，后浸轧槽的碱液浓度比前浸轧槽的要大，可避免织物带碱量的不足。第一浸轧槽的轧液率为 120%～130%；第二浸轧槽的浸轧压力要大些，轧液率一般小于 65%。后轧车的线速度要比前轧车稍大，以给织物适当的经向张力，防止织物吸碱后经向的收缩。

浸轧槽中碱液浓度可根据品种要求加以控制，一般为 200～280 g/L。织物浸轧碱液后吸附了大量的碱液，为了维持轧槽内的碱液浓度，需要在第二浸轧槽补充浓碱液。补充碱液的浓度为 300～350 g/L。

为了延长织物的带碱时间和防止织物带碱后收缩，在前后两台浸轧机的上方装有十余只上下交替排列的空心绷布辊筒。在一般运转情况下，织物在浸轧槽和绷布阶段所经过的时间为 30～50 s。

（2）布铗扩幅装置及喷淋部分。布铗扩幅装置由左右两条各自循环的布铗链组成。布铗链的长度一般为 15～20 m，它的作用是使用布铗咬住织物两边，给纬向施加张力，防止织物带碱后收缩。布铗链的后半部装有喷淋吸碱装置，将热稀碱（70～80℃）冲淋

到布面上。在淋冲器的后面，布面上方有布满小孔或狭缝的平板真空吸水器（也称吸碱器），可使冲淋下的稀碱液穿透织物，这样的冲、吸配合有利于碱液的去除。一般的丝光机配有3～4套冲吸装置。吸碱器吸下的碱液依次排入机身下的储碱池中，再用泵送到前一冲淋器，以淋洗织物，反复循环。冲洗采用倒流方式，最前面一格槽中的烧碱浓度最高，当碱液浓度达到50 g/L左右时，便用泵送至蒸碱室回收再用。

（3）去碱蒸箱和平洗装置。为了进一步洗去织物上残余的烧碱，织物从链铗松放后便进入洗碱效率较高的去碱蒸箱中去碱。

一般来说，单层布铗丝光机只有一个去碱箱，双层布铗丝光机有两个串联的去碱箱。去碱箱是一个铁制密闭的箱子，箱盖可以吊起，以便穿布和处理故障。为防止箱内蒸汽外逸，去碱箱的进出口均设有水封口。箱内上下各有一排导布辊，上排为主动辊，下排为被动辊。箱底呈倾斜状，并分为8～10格，便于从平洗槽流过来的更稀的碱液在箱内逐格倒流，浓度逐格增加，最后流入扩幅装置的储碱池中。去碱箱内装有向织物喷射蒸汽的直接蒸汽管，蒸汽在织物上凝结成水，渗入织物内部，起着冲淡碱液和提高温度的作用，以便更好地洗去碱液。下导辊浸没在箱体下部的水中，当织物进入下导辊附近时，织物上较浓的碱液与箱中含碱量较低的碱液发生交换作用，结果使织物上含碱量降低，而箱内含碱量升高。如此经过多次冷凝、冲洗和交换，织物上大部分的碱液被洗去，每千克织物上的含碱量可降至5 g以下。

经过去碱蒸箱后，织物进入平洗机的平洗槽水洗，布面上的残碱被继续洗除。必要时可用稀硫酸中和，但水洗一定要充分，使织物出机时呈中性，以防止棉纤维受到损伤。

（4）烘筒。织物出平洗机后，进入烘筒烘干，以利于后道加工。蒸汽压力一般为0.2 MPa。

2. 布铗丝光机主要操作规程

（1）开机前的准备

1）检查碱槽及化碱槽是否干净、设备是否正常。检查并调节好轧辊的压力、蒸汽压力、压缩空气压力，使其符合丝光机工艺要求。打开平洗箱、中和箱、后水洗箱进水阀和蒸汽。

2）按工艺要求配碱、配酸，并作实际测试，将其调整到工艺要求值。

3）根据织物的规格调节好链条的宽距，检查链条是否正常。

4）按规定路线穿好导布。

（2）开机运行

1）挡车工按信号按钮，通知进布工、落布工等岗位人员，得到回铃后正式开机。

2）开始以最低速度运行，按工艺调节好各工艺参数后，以正常速度运行。

3）运行过程中要不断巡视全机，检查各控制点温度、碱液浓度及pH值。

（3）关机

1）加工完成，将车速调到最小，接上导布，各轧辊卸压，关闭所有进水阀、蒸汽阀，排放平洗箱、冲淋槽中的水。

2）关闭主控屏电源开关，关闭冷凝器、循环泵和冷却开关。

3）做好机台及地面清洁工作。

3. 操作注意事项

（1）安全注意事项

1）配碱和遇到必须接触烧碱的场合，务必使用橡胶手套、戴眼罩。开化碱池内搅拌电动机时，切不可让碱液溅出，以免伤人。如酸、碱不慎溅到眼睛上，应立即用大量清水冲洗。若为酸，则再用1%碳酸氢钠溶液中和冲洗；若为碱，则再用1%硼酸溶液中和冲洗。最后再用清水冲洗，严重者必须送医院治疗。

2）设备运转过程中切勿使身体接触机器，以确保安全。穿布或做清洁工作时，必须停机后进行。

（2）生产注意事项

1）丝光工序进布应先进无荧光布再进有荧光布，先浅色布后深色布，先漂白布后特白布，不宜混在一起加工；黑色布、白布加工前须换水清机，以免沾色。

2）换碱、换品种（白布和色布）必须接导布停机，不能把织物停在机内。

3）丝光前织物的干湿程度必须均匀一致，湿布丝光特别要注意这一点，否则丝光效果不一，将使后道染色工序产生染色不匀现象。

4. 丝光工艺条件分析

影响丝光效果的因素主要有碱液浓度、张力、碱液温度、丝光时间和去碱等。

（1）碱液浓度。碱液浓度是影响丝光效果的主要因素。因为只有当碱液浓度达到某一临界值后才能引起棉纤维剧烈膨化。考虑到织物光泽、织物吸碱及空气中酸性气体耗碱的影响，丝光时碱液浓度一般应控制在240～280 g/L。

当烧碱溶液浓度在150～180 g/L时，钡值已足够（达到150）。因此，对某些丝光要求不太高、仅要求吸附性能的品种，可采用这个浓度丝光，以提高染色性能。这种工艺叫作半丝光。

（2）张力。只有在给予适当张力防止织物收缩的情况下，棉织物才能获得较好的光泽，并随张力的加大而提高，但吸附性能有所下降。一般纬向拉幅应尽可能达到坯布幅宽。

（3）碱液温度。烧碱与纤维素的反应是放热过程，提高碱液温度有减弱纤维溶胀的作用，从而造成丝光效果降低、收缩率和丝光钡值下降。因此，在20℃左右的常温或稍低的温度下丝光较为有利。一般在轧槽夹层通入冷流水来降低碱液的温度。

（4）丝光时间。在丝光过程中，烧碱溶液均匀地渗透到织物、纱线和纤维内部并与纤维素反应，都需要一定的时间。其中，碱液渗透过程所需的时间与织物的结构、润湿性、碱液浓度及温度密切相关，并以织物的润湿性能影响最为突出。因此，为了提高织物的润湿性，加速碱液的渗透，除了要加强织物的前处理外，适当提高碱液温度和反复浸轧碱液也是有效的措施。此外，在碱液中可加入适量的润湿剂，但加入润湿剂会使烧碱回收困难，所以应用较少。目前生产上丝光的浸碱时间为30～40 s。浸碱时间指的是从第一轧车浸碱开始到碱液被冲淡为止的时间。不经煮练的织物及厚重织物丝光时浸碱时间应延长至 50～60 s。

（5）去碱。去碱对丝光定形、缩水率、尺寸稳定性影响很大。碱纤维素在保持张力的情况下，通过充分去碱，使织物上碱液浓度降低到 5%以下，可以提高定形效果。除碱不净，织物就会收缩并影响织物的光泽和尺寸稳定性，同时会影响后续加工。

除碱一般分两步进行，第一步是在张力状态下多冲、多吸，使织物上的含碱量降至 5%以下；第二步是在纬向张力松弛后，把余碱洗净。必要时可用酸中和，一般是在去碱箱和平洗槽中完成的，使落布 pH 值为 7～8。必要时，可在平洗槽中用浓度为 2～3 g/L的硫酸中和处理。

为了提高去碱效率，一方面应提高冲洗和吸碱能力，另一方面应尽量提高洗碱温度，因为烧碱在水中溶解度随温度升高而增大。冲洗碱液的温度应在 70℃，去碱箱的温度应在 95℃以上。

四、丝光工序常见疵病及其防治

丝光工序常见疵病及其防治见表 1—8—1。

表 1—8—1　丝光工序常见疵病及其防治

常见疵病	产生原因	防治办法
轧皱	1. 坯布有皱印并带入轧辊 2. 导辊或轧辊上有碱垢或其他异物 3. 中途停机 4. 张力过松 5. 水量或加热蒸汽过大	1. 注意检查织物不得带皱入轧辊 2. 清洁导辊或轧辊，有碱垢可用酸洗 3. 加强进布检查，避免中途停机 4. 适当调节张力 5. 适当调节水量及蒸汽大小
拉破边	1. 扩幅过大 2. 布铗上有碎布或纱线等异物 3. 缝头不良 4. 来布有损伤或潜在损伤	1. 控制合理的扩幅尺寸 2. 慢速清理布铗 3. 缝头做到平、直、齐、牢 4. 检查来布，查寻潜在损伤根源
油污渍	1. 导辊或水、碱液太脏 2. 烘罩滴水 3. 润滑油等被带入导辊	1. 每次开机前、停机后认真洗机，必要时中途停机清洗，并换水、换碱液 2. 检查排气系统 3. 机修或保养加油后，检查清洗机器
染后深边	1. 轧辊在布边处有凹陷 2. 双层丝光时，上下层布参差不齐 3. 扩幅时布边冲洗不足	1. 开机前检查轧辊，发现轧辊有不平整处要磨平 2. 双层丝光时，上下层布边要整齐 3. 扩幅时要保证布边冲洗充足

棉织物的丝光

一、目的要求

1. 了解丝光的目的、各种丝光设备及丝光的方法。

2. 理解丝光棉的性质、理解影响丝光效果的因素。
3. 掌握丝光工艺条件。
4. 掌握丝光机的操作及丝光效果的评定方法。
5. 掌握丝光工艺中碱液的测定及调整方法。
6. 学会棉织物丝光效果的测定方法。
7. 初步学会判断丝光疵病造成的原因及预防常见疵病的方法。

二、实验原理

如图 1—8—3 所示，在浓碱溶液的作用下，棉纤维发生膨化，生成碱纤维素。关于碱纤维素的组成，目前有两种说法，一种认为纤维素与碱作用生成分子化合物，另一种认为生成纤维素醇的化合物。但是，不管生成哪种碱纤维素，这两种化合物都是很不稳定的，经水洗去碱后即水解，生成丝光纤维素。

$$\text{纤维素 I}\xrightarrow{NaOH}\text{Na—纤维素}\xrightarrow{H_2O}H_2O\text{—纤维素}\xrightarrow{-H_2O}\text{纤维素 II}$$

（天然纤维素）　（碱纤维素）　（水合纤维素）　（丝光纤维素）

图 1—8—3 丝光过程纤维素的变化简式

丝光纤维素和未丝光的纤维素的化学组成没有多大区别，但物理结构很不相同。棉的纤维结构一般认为是由无定形区和晶区组成，经过丝光后纤维结晶度由原来的 70%左右降至 50%～60%，由此带来染深性的变化。同时，纤维膨胀后对光线有很好的反射性，因此丝光后棉布的光泽有所提高，强力和稳定性也有所增加。

三、试剂与仪器

1. 试验仪器。白搪瓷盆、烧杯（200 mL/500 mL）、量筒、温度计（100℃）、刻度吸管、玻璃棒、丝光实验架。
2. 药剂。氢氧化钠（工业品）。
3. 待测织物。练漂后的纯棉半制品或棉纱（每份约 2 g）。

四、操作步骤

1. 将配制好的烧碱溶液分别倒入两只白搪瓷盆中。
2. 拧松丝光架上的螺钉，将两块织物或纱线分别圈绕在两只丝光架上，然后拧紧螺丝，使织物或纱线受张力以保持原长。
3. 将装有试样的丝光架与另一块织物或纱线分别放入 150 g/L 和 250 g/L 烧碱中室温浸渍 5 min，取出试样及丝光架，用 90～95℃热水洗 3 次，温水洗多次。丝光架上的两块试样保持在张力状态下水洗。
4. 释去张力，将所有试样充分水洗至中性，晾干，测试丝光效果。

五、数据记录与处理

1. 记录实验过程和实验现象。

2. 将实验结果填于表 1—8—2。

表 1—8—2　　棉织物的丝光实验结果

参数＼待测织物	未丝光棉	丝光棉		碱缩棉
		1#	2#	3#
丝光钡值（%）				
光泽				
强力（N）				

3. 织物经丝光处理后哪些性能发生了变化？为什么？

六、注意事项

1. 若用纱线丝光，应使纱线在丝光架上缠绕均匀，即每圈长度相等，保证受力均匀。

2. 浸渍碱液时，织物或纱线必须完全浸没、浸透。

3. 配碱时，切不可让碱液溅出，以免伤人。如碱液不慎溅到眼睛，应立即用大量清水冲洗，再用 1%硼酸溶液中和冲洗，最后再用清水冲洗，严重者必须送医院治疗。

钡值测定方法

一、实验准备

1. 仪器设备。碘量瓶（150 mL）、三角烧瓶（150 mL）、酸式滴定管、吸管（10 mL、20 mL）、称量瓶、分析天平、托盘天平、干燥器、剪刀、烘箱。

2. 染化药品。氢氧化钡（C. P.）、盐酸（C. P.）、酚酞指示剂。

3. 实验材料。未丝光棉布或棉纱、经不同浓度和张力丝光的棉布或棉纱（每份试样不少于 2 g）。

4. 浴液制备

(1) c（HCl）＝0.1 mol/L 盐酸溶液。

(2) c［Ba $(OH)_2$］＝0.25 mol/L 氢氧化钡溶液。

二、基本原理

丝光钡值用丝光前后棉纤维对氢氧化钡吸附能力的变化百分率表示。由于经丝光后棉纤维无定型区体积增加，可及羟基增多，因而其对化学药剂的吸附能力增加。丝光钡值越高说明丝光效果越好。若钡值为 100～105，表示未丝光；105～150 表示丝光不完全；150 以上表示充分丝光。一般经丝光的半制品要求丝光钡值在 135 以上。

三、操作步骤

1. 将未丝光、已丝光及碱缩处理棉布的经纱抽出，分别称取约 2 g（稍过量），剪成

0.5 cm左右的纱线，置于烘箱中，在105～110℃下烘至恒重（0.5～2 h）。

2. 将纱线取出放在干燥器内冷却至室温，准确称取2 g（精确至0.001 g），分别置于150 mL碘量瓶中。

3. 取30 mL氢氧化钡溶液（0.25 mol/L）并置于碘量瓶中，加盖并不断振荡处理2 h，同时进行无试样的空白试验。

4. 分别吸取上述浸渍液10 mL并置于三角烧瓶中，加酚酞指示剂2～3滴，用盐酸溶液（0.1 mol/L）滴定至红色刚消失，记录消耗盐酸体积。

$$钡值=(V_0-V_1)W_2/[(V_0-V_2)W_1]$$

式中 V_0——空白试验液耗用盐酸溶液的体积，mL；

V_1——丝光棉浸渍液耗用盐酸溶液的体积，mL；

V_2——未丝光棉浸渍液耗用盐酸溶液的体积，mL；

W_1——丝光棉质量，g；

W_2——未丝光棉质量，g。

四、数据记录与处理

钡值测定数据记录于表1—8—3。

表1—8—3　　钡值测定数据记录

试样名称 / 实验结果	未丝光棉	半丝光棉1#	全丝光棉2#	碱缩棉3#
V_0（mL）				
V_1（mL）				
V_2（mL）				
W_1（g）				
W_2（g）				
丝光钡值（%）				

五、注意事项

1. 丝光试样在测定前，必须充分水洗至中性，必要时可用甲基橙或刚果红指示剂检验，以免影响测定效果。

2. 滴定操作时，动作要迅速，否则氢氧化钡溶液容易吸收空气中的二氧化碳而变得浑浊，影响滴定准确性。

3. 钡值试验应平行测定两次，每次盐酸用量相差不应超过0.1 mL，否则说明测定结果不准确，应重新做。

一、液氨丝光（液氨整理）

液氨丝光是一种新的丝光工艺。液氨分子能将纤维素分子间的氢键切断，使纤维发生膨化。液氨由于分子体积小，容易渗透到织物和纤维内部。液氨能加快纤维素的膨化速度，且膨化均匀。但液氨分子小，不能像烧碱那样将大量的水分子带入纤维内部，因而纤维在液氨中的膨化程度与在烧碱中不同。液氨对棉纤维的结晶度的降低程度也不及烧碱液，所以液氨丝光后织物的光泽、吸附性能、染色深度不如碱丝光。但液氨丝光后，棉织物的强度、耐磨性、防皱性、弹性、手感等性能均有明显提高。液氨丝光后若再配合树脂整理，则使产品具有独特风格，手感滑爽而富有丝绸感，且效果持久。

液氨丝光时，将棉织物在－33℃的液氨中浸轧 10 s，轧液率约为 100%，在防止织物经、纬向收缩的情况下通风，再用热水或蒸汽除氨，回收使用后的氨（90%）。液氨丝光工艺流程短、设备简单，但氨回收要求高，设备投资大，能耗高，故应用受到了一定的限制。

二、丝光方法和工序的安排

棉织物丝光方法很多，依据丝光条件的不同，有干布丝光、湿布丝光、热碱丝光、真空浸碱透芯丝光等；按丝光工序的安排不同，又分为原布丝光、漂前丝光、漂后丝光、染前丝光、染后丝光等。

思考与练习

1. 棉织物丝光原理是什么？
2. 丝光棉的性质有哪些？
3. 液氨丝光有何优缺点？
4. 简要分析影响丝光效果的主要工艺因素。
5. 丝光设备通常有哪几种？布铗丝光机由哪几部分组成？试述各组成部分的作用。

第九节　高效短流程前处理工艺

学习目标

1. 了解高效短流程前处理工艺及设备。
2. 掌握高效短流程前处理加工的基本要求。
3. 学会采用浸渍法对棉织物进行退煮漂一浴法前处理工艺与操作。

传统的棉织物前处理工艺中，退浆、煮练、漂白三道主要工序通常是分步进行的，但并不是截然独立的，而是相互补充的。如退浆也有去除部分天然杂质的作用，可减轻煮练的负担；而煮练有进一步去除残留浆料的功效，对织物白度也有提高；漂白也有进一步去杂的作用。常规三步法前处理工艺具有稳妥、重演性好的优点，但机台多、时间长、效率低、能耗高，且印染产品常见的疵病，如皱条、折痕、擦伤、破损、斑渍、白度不匀、降强、泛黄、纬斜等都与前处理三步法工艺流程较长有关。因此，缩短工艺流程、简化工艺和设备、降低能耗、减少污水排放、保证质量是前处理发展的方向。

一、高效短流程前处理大生产工艺

传统的棉织物前处理工艺中退浆、煮练、漂白三道主要工序通常是分步进行的，其工艺流程：烧毛→轧酶堆置→水洗→浸轧煮练液→汽蒸→水洗→浸轧氧漂液→汽蒸→水洗→烘干。而目前棉织物高效短流程前处理工艺大体可分为二步法和一步法。

1. 二步法

二步法工艺有两种方式：一种是先退浆，然后煮练、漂白合并，称 D—SB 二步法；另一种是退浆、煮练合并，然后漂白，称 DS—B 二步法。

D—SB 二步法工艺要求退浆后彻底洗涤，最大限度地去除浆料和部分杂质，以提高碱—氧一浴中双氧水的稳定性。碱—氧一浴中必须有较强的碱性和较浓的过氧化氢，以除去织物上的杂质，同时完成漂白加工。为此，必须严格控制工艺条件，并选择性能良好的耐强碱、耐高温的氧漂稳定剂和螯合分散剂，使纤维受损伤程度减少。此法适用于上浆率较高的纯棉厚重织物。

DS—B 二步法工艺流程将退煮合一，然后再漂白。由于漂白是常规传统工艺，对双氧水稳定性的要求不高。但退煮合一时浆料在强碱浴中不易洗净，会影响退浆和煮练的效果，煮练后必须充分水洗。此法应加强助练剂的应用，使用在强碱条件下具有良好稳定性的氧化退浆剂。此工艺适用于上浆率较低的纯棉中薄织物及涤棉混纺织物。

DS—B 二步法工艺最先应用于涤棉混纺织物的加工，现在已扩展到多种织物的加工。本工艺普遍采用 L 履带平幅汽蒸设备。在引进 R 形汽蒸箱后，由于其具有汽蒸与浸煮双重作用，因而采用 R 形汽蒸箱的二步法被许多工厂所采用。常用的两个组合及工艺流程如下：

（1）采用 R 形汽蒸箱练漂机和履带式连续汽蒸练漂机的组合。这种组合的流程：烧毛→浸轧退煮液（NaOH 50 g/L，加一定量精练剂、螯合分散剂、泡花碱等助练剂）→R 形汽蒸箱汽蒸（100～102℃，60 min）→充分水洗→L 履带氧漂（按常规工艺进行）→高效水洗→烘干。

用 R 形汽蒸箱练漂机作退煮一浴处理的效果良好。半制品的品质：白度＞78%，毛效＞8 cm/30 min。

（2）采用两组履带式连续汽蒸练漂机的组合。这种组合的流程：烧毛→浸轧碱液（NaOH 55～66 g/L，助练剂 8 g/L，60℃±10℃，40～45 m/min）→汽蒸（100～

102℃，45～60 m/min）→热洗、冷洗→氧漂（按常规工艺进行）→高效水洗→烘干。

2. 一步法

一步法指退浆、煮练、漂白三者合一加工的方法，根据加工温度不同，又可分为冷轧堆一步法和汽蒸一步法。

(1) 冷轧堆一步法工艺。目前，冷轧堆法应用最为广泛的是碱氧法，其在室温条件下采用碱一氧一浴工艺。在低温作用下，尽管碱浓度较高，但双氧水的反应速率仍很低，故除需用高浓度的药剂外，还必须延长堆放时间才能达到满意的效果。由于冷堆作用温和，因此对纤维的损伤相对较小，适用于各种棉织物的退煮漂一步工艺，其一般工艺流程：

烧毛→浸轧碱氧液（多浸一轧，轧液率为100％～120％）→打卷堆置（包封，16～24 h，6～8 r/min）→平幅水洗汽蒸（第1～2格，80～100℃热洗；第3格加NaOH 4～5 g/L，精练剂2 g/L；第4格，98～100℃汽蒸30 min；第5格，80℃热洗）→烘干。

织物在浸轧处理液后（带液量须保证），须用塑料薄膜包覆，以利于保温，使织物不受空气氧化，避免产生风印，保证织物的白度与强力。将织物在缓慢转动下堆放一定的时间，然后送平洗机水洗。

冷轧堆一步法工作液处方举例如下：NaOH 35～40 g/L，精练剂UK 8～10 g/L，硅酸钠5～10 g/L，非硅稳定剂S 5～10 g/L，渗透剂JS 2～3 g/L，有机络合剂540 2 g/L，100％H_2O_2 8～10 g/L。

冷轧堆煮练具有设备简单、占地面积小、节约能源等优点，因此其适用于小批量、多品种的生产。此法最大的特点是可以减少设备投资，上马投产快，设备占地面积少，能降低能耗和用工成本，有利于提高半制品质量；但生产管理要求高，如后道清洗不净易导致毛细管效应较差，染化料助剂成本高，印染用水虽然量少，但助剂浓度高，加重污水处理负担。

(2) 汽蒸一步法工艺。由于冷轧堆法反应温度低，需要采取延长反应时间和增加助剂用量的方法来保证半制品的品质，因而导致印染废水的污染程度加剧。可见冷轧堆不能满足“绿色工程”的要求。

近年来，碱一氧一浴汽蒸一步法应用越来越广泛。但汽蒸一步法在高浓度碱液和高温情况下，极易引起双氧水快速分解并加重织物损伤。为消除这种损伤，只能通过降低烧碱用量和加入耐高温强碱的稳定剂来实现。但降低烧碱用量会降低退煮效果，特别是对上浆率高、含杂量大的纯棉织物影响明显。因此，此工艺较适用于涤棉混纺、轻薄织物和涤棉织物。

纯棉织物汽蒸一步法工艺举例如下：

工艺流程及主要工艺条件：浸轧工作液→汽蒸（85～90℃，80 min）→后处理。

工艺处方：100％烧碱16 g/L，100％双氧水12 g/L，稳定剂7 g/L，精练剂8 g/L。

二、短流程前处理工艺的要点

短流程前处理工艺主要含有三个环节，即浸轧→反应（冷轧堆法或汽蒸法）→

洗涤。

为保证高效短流程前处理工艺达到高效率、高品质，必须突出“高、热、净”三个方面。即浸轧工作液要吃足吸透，带液量要高，以保证被加工织物上有充足的反应物质；在轧堆后、洗涤前要有热处理过程，以保证堆置后织物上大量残存的助剂充分发挥作用（这是提高毛效的关键之一）；洗涤过程要充分，以保证去净从织物上处理下来的杂质。

为保证“高、热、净”，要合理设计工作液的组成，适当提高双氧水和烧碱的浓度，优选适合于高效短流程前处理工艺的渗透剂、精练剂、稳定剂、螯合分散剂等助剂，工艺条件要优化，而设备必须在给液装置、汽蒸、水洗等方面加以改进和提高。

1. 织物带液量要高

对汽蒸法和冷轧堆法工艺来说，提高织物带液量是高效短流程前处理取得好的效果的主要因素。由于生坯棉织物的拒水性较强，故工作液中必须添加渗透剂（润湿剂），并确定其合理用量。又因高效短流程工艺的工作液是强碱浴，渗透剂的选用要考虑它的耐碱稳定性。但要把织物内部包括纱线间、纤维间及纤维内所含的空气在最短时间内排净，代之以工作液，仅靠渗透剂是难以实现的，还必须靠机械的加压作用。目前，高效短流程前处理设备大多采用高给液和透芯给液的措施，其中透芯给液效果较好。它主要借助轧辊加压、真空加压、蒸汽加热驱赶空气等，其中真空加压效果最好。

2. 工艺条件要优化

棉织物高效短流程前处理工艺所用碱氧量较大，如工艺条件控制不当，则会影响织物的毛效、白度，甚至使织物的强力下降。因此必须合理选择工艺处方，正确制定工艺条件，特别是烧碱、双氧水的合理用量和加工温度。

3. 必须强化水洗

强化水洗是高效短流程前处理工艺能否取得成功的重要因素，特别对冷轧堆一步法工艺来说更是这样。在冷堆后，必须先进行高温热碱处理，然后再进行高效强化水洗。对高效短流程前处理工艺而言，如不采用高效水洗设备，则会很难满足水洗要求及达到处理效果。

高效短流程工艺是前处理工艺的发展方向，经过多年的努力其已广泛应用于各品种织物，覆盖面不断扩大，但目前还不能全部取代传统工艺并适应所有品种。高效短流程前处理工艺有其适用的对象，不能片面去追求高效和快速，而是必须根据织物的特点、加工要求、最终用途，并结合织物组织规格、纤维原材料的实际质量，合理制定高效短流程前处理工艺。

技能训练（一）

棉织物小样退煮漂一浴法前处理工艺实验：浸渍法

一、目的要求

1. 了解高效短流程前处理工艺及设备。

2. 理解高效短流程前处理加工的原理。

3. 掌握高效短流程前处理加工的基本要求。

4. 掌握前处理工艺安全操作规程。

5. 学会采用浸渍法对棉织物进行退煮漂一浴法前处理。

二、实验原理

退浆、煮练、漂白三道工序并不是截然隔离的，而是相互补充的。如碱退浆也有去除天然杂质、减轻煮练负担的作用；而煮练有进一步的退浆作用，对提高白度有好处；漂白有进一步去杂的作用。高效短流程前处理工艺就是将传统的退煮漂三步法老工艺合理地缩短为一步或二步的新工艺，这一改变达到了节能、节水、缩短工时和提高工效的目的。

基本原理：在一定稳定剂的存在下，双氧水能与较强的碱同浴，协同作用于织物或纤维上的共生物及浆料，在一定的工艺条件下达到退煮漂的要求，同时较好保证纱线的强力。因此，高效短流程前处理工艺被称为高速高效的前处理工艺。

三、试剂与仪器

1. 仪器设备

电子天平、电炉、玻璃棒、烧杯（500 mL）、量筒、温度计、角匙。

2. 化学品

100%氢氧化钠、亚硫酸钠、耐碱渗透剂、净洗剂 LS、30%双氧水、硅酸钠、平平加 O。

备注：以上助剂仅供参考，各单位可根据自身条件灵活运用。

3. 实验用布

纯棉平纹坯布 10～15 g（大小以符合毛效、白度测定要求为准）。

4. 工艺处方与工艺条件

（1）工艺处方。100%氢氧化钠 40 g/L，硅酸钠（相对密度 1.4）3 g/L，耐碱渗透剂 3 g/L，亚硫酸钠 2 g/L，100%双氧水 20 g/L。

（2）工艺流程。坯布→浸渍或浸轧工作液（室温，轧液率 100%～110%）→包封堆置（室温，24 h）→热碱煮洗（净洗剂 3 g/L，纯碱 2 g/L，95℃以上，3～5 min）→热水洗（95℃以上）→温水洗（75～80℃）→冷水洗→晾干或烘干，留作测试和后道工艺实验用。

四、操作步骤

1. 称取规定量的织物。

2. 按处方配制好工作液。在烧杯中按 1∶30 配制工作液：依次加入 NaOH、硅酸钠、渗透剂，搅拌均匀，升温到 80℃再加入规定量的双氧水。

3. 将坯布用少量水润湿，挤干后投入工作液中，在室温下浸透（1～2 min）后用玻璃棒夹去多余的工作液。

4. 将织物放在烧杯中（或表面皿上），用塑料薄膜密封，在室温条件下堆置 24 h。

5. 取出织物用含 3 g/L 净洗剂、2 g/L 纯碱的煮洗液，在 95℃以上高温沸煮 3～5 min。

6. 用 95℃以上热水洗 4 次（每次浸渍 60 s 左右），用 75～80℃热水洗两次，最后用冷水洗。

五、数据记录与处理

测定半制品毛细管效应值和白度，并做好记录。

六、注意事项

1. 处方中的烧碱和双氧水均按 100％含量计，要根据实际浓度换算。

2. 配制工作液时，双氧水不能和烧碱同时加入，以免双氧水剧烈分解。

3. 在退煮漂过程中，织物不能较长时间暴露于空气中，要及时向工作液中补加热水，以保持一定的浴比。

技能训练（二）

棉织物小样退煮漂一浴法前处理工艺实验：汽蒸法

一、目的要求

同浸渍法。

二、实验原理

原理同浸渍法，注意反应温度与处理时间的关系。

三、试剂与仪器

1. 仪器设备

电子天平、玻璃棒、烧杯（1 000 mL）、量筒、温度计、角匙、搪瓷盘、均匀小轧车、实验用小蒸箱。

2. 化学品

100％氢氧化钠、30％双氧水、双氧水稳定剂、耐碱渗透剂、高效精练剂。

备注：以上助剂仅供参考，各单位可根据自身条件灵活替用。

3. 实验用布

纯棉平纹坯布 30 cm×20 cm（大小以符合毛效、白度测定要求为准）。

4. 工艺处方和工艺流程

（1）工艺处方。100%氢氧化钠 16 g/L，100%双氧水 12 g/L，双氧水稳定剂 7 g/L，耐碱渗透剂 6 g/L，高效精练剂 3 g/L，工作液总液量为 200 mL。

（2）工艺流程。浸轧（二浸二轧，室温，轧液率 95%）→汽蒸（100℃，60 min）→热水洗（85～90℃）→温水洗（50～60℃）→冷水洗→晾干或烘干，留作测试和后道工艺实验用。

四、操作步骤

按处方称取规定量助剂，量取规定量的蒸馏水并置于烧杯中，依次加入双氧水稳定剂、烧碱、耐碱渗透剂、高效精练剂，搅拌均匀后加入双氧水，配制成工作液。

取一块 30 cm×20 cm（经×纬）的棉平纹坯布，在工作液中充分浸湿，室温条件下二浸二轧，轧液率为 95%，然后悬挂于蒸箱内，在 100℃下汽蒸 60 min，取出后先用 85～90℃热水洗，再用 50～60℃温水洗，最后用冷水洗，晾干或烘干后待用。

五、数据记录与处理

测定半制品毛细管效应值和白度，并做好记录。

六、注意事项

1. 织物浸轧工作液后，应立即送入汽蒸箱内汽蒸，若不能及时汽蒸则要用保鲜袋包好。

2. 汽蒸后洗涤非常重要，先用热水洗，再用温水洗，最后用冷水洗。热水洗时可加 2～3 g/L 的洗涤剂皂煮 5 min，这样有利于去除杂质，提高毛效和白度。

1. 高效短流程前处理加工的基本要求有哪些？
2. 高效短流程前处理大生产工艺主要有哪些？
3. 试设计纯棉织物退、煮、漂一步法工艺（包括工艺流程、工艺处方、工艺条件）。
4. 试述纯棉织物短流程前处理工艺的要点。

第二章　麻纤维制品的前处理

第一节　苎麻脱胶及前处理

1. 了解苎麻纤维脱胶的目的和脱胶工艺。
2. 了解苎麻精干麻的变性处理工艺。
3. 了解苎麻织物的前处理工艺。

麻纤维与棉纤维同属天然纤维素纤维，但麻纤维杂质含量更多，聚合度、结晶度、取向度更高，有凉爽、吸湿、透气、快干的特性，刚度高、挺括、不黏身。麻纤维包括苎麻纤维、亚麻纤维、大麻纤维、黄麻纤维、剑麻纤维、罗布麻纤维等。在麻类纤维中可用于纺织且生产量较大的有苎麻纤维、亚麻纤维、大麻纤维、黄麻纤维。其中，苎麻纤维、亚麻纤维的纺纱支数较高，可用于服装面料、装饰织物等的生产；大麻纤维以往用于制作绳索，现在也用于纺织织物的生产；黄麻纤维一直用于麻袋、地毯的生产；其他麻类纤维的纺织生产偶见且产量较低。

苎麻、亚麻、黄麻等应用历史悠久并在纺织行业中占有较大的比重。结合麻纺行业的发展，本节将介绍苎麻纤维及其制品的前处理工艺技术，有些处理方法对其他麻类纤维有一定的借鉴意义。

苎麻纤维是麻类纤维中纺织品质较好的品种之一。苎麻纤维可纯纺加工成麻布，也可与合成纤维混纺、交织等。苎麻织物适合制作夏季衣料，苎麻纤维与涤纶混纺的织物具有挺括、滑爽、不易起皱、吸湿性和透气性较好、易洗快干的特点，因此其是夏装理想的服装面料。

一、苎麻脱胶的含义

苎麻的韧皮中有纤维素、胶质、木质素、蜡状物质等。其中，胶质大都包围在纤维的表面，把纤维素的单纤维胶合在一起而形成原麻。所以原麻纤维比较粗硬，不适合纺纱，纺纱前必须将韧皮中的胶质去除，使苎麻的单纤维相互分离，这一过程就称为脱胶。苎麻纤维的脱胶一般可采用化学脱胶方法。

苎麻原麻纤维中一般含有25%～35%的胶质，其中包括半纤维素、果胶物质、木质素及蜡状物质等。这些杂质对水、酸、碱及氧化剂的稳定性各不相同，但大部分易在高温碱液中被氢氧化钠水解，而纤维素则对氢氧化钠溶液具有较高的化学稳定性。苎麻纤维的化学脱胶工艺一般采用以碱液煮练为主的工艺，这样可以有效去除原麻中的杂质，并保留纤维素成分。为了弥补化学作用的不足，往往辅以机械作用（如打纤）达到脱胶的质量要求。原麻经脱胶后的产品称为精干麻。

二、常用的脱胶工艺

1. 工艺流程

（1）一煮法。该法工艺简单，生产的产品适合纺制低支纱，以用于生产麻线。具体流程：原麻拆包、扎把→预浸（水浸、浸酸、预氯）→水洗→碱液煮练→水洗→打纤及水洗→酸洗→水洗→脱水→给油→脱水→烘干。

（2）二煮法。该工艺的特点是工艺比较简单，精干麻的质量比一煮法有所提高，适用于纺中、高特（中、低支）纱，但这种纱不能用作高档产品。具体流程：原麻拆包、扎把→预浸（水浸、浸酸、预氯）→水洗→一次煮练→水洗→二次煮练→打纤及水洗→酸洗→水洗→脱水→给油→脱水→烘干。

（3）二煮一练法。该工艺较二煮法工艺增加了精练工序，因此使精干麻的质量进一步提高，适合纺制中、低特（中、高支）纱，供生产细、薄织物使用。具体流程：原麻拆包、扎把→预浸（水浸、浸酸、预氯）→水洗→一次煮练→水洗→二次煮练→打纤及水洗→酸洗→水洗→脱水→精练→水洗→给油→脱水→烘干。

（4）二煮一漂法。该工艺将精练工序改为漂白，可使精干麻的木质素含量降低，纤维质量进一步提高。该工艺生产的精干麻适合于纺制低特（高支）纱，供生产高档苎麻细、薄织物使用。具体流程：原麻拆包、扎把→预浸（水浸、浸酸、预氯）→水洗→一次煮练→水洗→二次煮练→打纤及水洗→漂白→酸洗→水洗→脱水→给油→脱水→烘干。

（5）二煮一漂一练法。该工艺既进行漂白，又进行精练，降低了精干麻中木质素的含量，提高了精干麻的白度、柔软性和可纺性，适合纺制低特纱，为高档细、薄苎麻产品提供原料。具体流程：原麻拆包、扎把→预浸（水浸、浸酸、预氯）→水洗→一次煮练→水洗→二次煮练→打纤及水洗→漂白→酸洗→水洗→精练→水洗→给油→脱水→烘干。

2. 化学脱胶工艺中各工序的作用

（1）预处理工序

1）拆包、扎把。逐包解开，检验，扎束。

2）预浸。包括水浸、浸酸、预氯等几种方法，去除原麻中的部分胶质，减轻煮练负担，降低碱液消耗，提高煮练效果，并改善精干麻的质量。

①水浸。在90℃以上的热水中煮30～60 min，其目的是去除部分水溶性胶质，并使不浴于水的胶质膨化。优点是预处理条件缓和、纤维损伤小，缺点是脱胶效果较差。

②浸酸。苎麻的绝大部分胶质、半纤维素可以在酸的作用下水解，但浸酸对去除木质素的作用并不明显。浸酸工艺中必须严格控制浸酸浓度、温度及时间，避免因纤维素大分子的水解而损伤纤维。浸酸一般使用稀硫酸，浓度为1.5～2 g/L，浴比为1∶10左右，温度为40～60℃，时间1～2 h，纤维浸酸后应及时进行冲洗和下一工序的加工。

③预氯。含木质素较多的原麻可采用预氯处理。原麻在碱液煮练之前，预先用次氯酸钠浴液浸渍，使原麻中的木质素转变成氯化木质素，这样在碱液煮练时就较易去除，但煮练后的纤维不及浸酸处理的洁白，产品质量不稳定，在预氯处理过程中还会逸出有害气体 Cl_2，故采用该工艺者较少。

（2）碱液煮练。与棉纤维相比，由于苎麻的原麻中杂质含量高，所以煮练时耗碱量较大。为了降低杂质在煮练液中的浓度，提高煮练效果，煮练时的浴比较大。采用烧碱去除原麻中的绝大部分胶质是苎麻纤维化学脱胶中的重要环节。

1）煮练设备

①常压方式。精干麻色泽好，设备简单，有利于实现苎麻脱胶的连续化生产，但时间长、产量低、热效率不高、能耗大等易造成脱胶不匀、夹生等问题。

②高压方式。脱胶均匀，加工时间短，能耗小。

2）煮练处方。烧碱用量视原麻杂质含量而定，第二次煮练一般小于或等于原麻重量的10%（视麻质）。为了提高煮练效果，煮练液中还应添加适当的助剂，如表面活性剂、水玻璃、亚硫酸钠等。煮练液中加入适量的三聚磷酸钠，对缩短煮练时间、提高煮练效果是非常有效的。

3）煮练工艺。浴比：高压1∶10，常压1∶15；温度和时间：120℃，头煮1～2 h，二煮4～5 h。

（3）后处理。进一步清除纤维中的残留杂质，使纤维柔软、松散、相互分离，以提高其可纺性，还可改善纤维的色泽及表面性能，步骤如下：

1）打纤。

2）酸洗。1～2 g/L的稀硫酸，室温。

3）水洗。

4）漂白。有效氯浓度为1～1.5 g/L，室温，时间为30～45 min，pH值为9～11；脱氯：酸1.5～2.5 g/L，常温，时间为3～5 min。

5）精练。肥皂、合成洗涤剂等煮2～6 h。

6）给油。少量。

7）脱水、烘干。要均匀，不要急烘。

三、精干麻的变性处理

1. 变性处理的含义

苎麻纤维的杨氏模量较大，结晶度高，纤维较刚硬，且是以单纤维的状态存在于纱线之中的，故有易折皱、刺痒感强、不易染深色等问题。为了改善苎麻纤维的服用性能，可对苎麻纤维进行化学改性。

2. 变性处理工艺

（1）改变纤维素的超分子结构。其原理是利用化学试剂与纤维素中的羟基发生酯化或醚化反应来改变纤维素的晶格构造。这种变性方法主要改变纤维素的结晶度及取向度，即改变纤维素大分子排列的紧密程度及排列方向。该类方法最典型的工艺是碱法变性，即利用氢氧化钠浴液与苎麻纤维素作用改变苎麻纤维的部分性质。

1）工艺流程。脱胶麻→浸碱→脱碱→抖松→酸洗→水洗→脱水→给油→脱水→抖松→烘干。

2）工艺条件。烧碱 172 g/L、室温、时间 12 min、浴比 1∶20。

3）超分子结构的变化。结晶度由 91.3%下降到 83.3%，取向度由 91.3%下降到 87.6%。

此外，为了减少工序，降低生产成本，也有苎麻纤维煮练－改性合一工艺和碱－尿素改性工艺。

（2）纤维素接枝。利用纤维素中羟基的活性而将其他基团引入到纤维素分子中，如苎麻纤维的磺化改性。将纤维素形成碱纤维素，再将碱纤维素与二硫化碳作用，从而形成纤维素磺酸酯（乙酰化改性、烷基化改性等）。

1）工艺流程。精干麻→浸碱→脱碱→抖松→磺化→酸浴分解→水洗→脱硫→水洗→漂白→水洗→脱水→上油→脱油→烘干。

2）工艺条件

①浸碱。氢氧化钠 240 g/L，室温，时间 10 min，浴比 1∶20。

②磺化。CS_2用量为 16%，真空度 5.4～5.9 kPa（550～600 mmH_2O），磺化时间 40 min，磺化温度（29±1）℃。

3）变性结果。结晶度由 93.7%降低到 87.4%，吸色率可由 117%提高到 187%。

此外，苎麻纤维的接枝改性方法还有乙酰化改性、烷基化改性等。

（3）纤维素大分子的键合。利用在纤维素大分子间生成化学键的方法使纤维变性，如树脂整理、阳离子改性、季铵盐改性等，可以改善织物的弹性、耐折皱性、染色性等。

四、苎麻织物的前处理

苎麻织物的前处理工艺包括烧毛、退浆、煮练、漂白、丝光等。

1. 烧毛

苎麻织物上的纤毛较粗，适合采用热容量较大的热源体烧毛，例如采用铜板烧毛机或圆筒烧毛机烧毛。但为防止烧毛时合成纤维熔融，苎麻与合成纤维的混纺织物应采用气体烧毛机烧毛。

苎麻织物烧毛效果的质量评定采用棉织物烧毛的五级评定方法。

苎麻织物的烧毛工序决定产品的烧毛质量和效果。从染整工艺路线的顺畅程度和提高染整质量的角度看，烧毛工序适合在退浆工序之前进行，但从减少苎麻织物的刺痒感、减少纤维头暴露在织物表面的数量和长度考虑，宜采用染色后烧毛的工序，再辅以必要的织物后整理加工，可以大幅度提高苎麻织物的服用性能。如有必需或条件允许，也可进行二次烧毛：一次在退浆之前进行，另一次在染色之后、整理之前进行。

2. 退浆、煮练

由于苎麻纤维的杨氏模量较大，比较刚硬，故退浆、煮练宜选用平幅方式，织物烘干后最好打卷放置。

3. 漂白

通常采用次氯酸钠漂白，有效氯在 2 g/L 以下。由于苎麻纤维较粗、渗透性较差，故需要较长的漂白时间。为了防止漂后织物泛黄，需要脱氯处理。

4. 丝光

由于具有较好的光泽，加之强度高、延伸度低、在碱液中的膨化程度低于棉，缩水率较棉易于控制，苎麻纤维一般采用半丝光，轧碱后不穿过绷布辊筒而是进行松弛堆置。

总的来说，麻纤维与棉纤维虽同属天然纤维素纤维，但两者有许多不同点：

（1）重视烧毛工序。由于麻纤维扭曲少，抱合力差，织物上绒毛外露很多，印染加工中由于摩擦作用，又会产生新的绒毛，因此一般麻织物都经过两次烧毛，一方面改进织物的外观，另一方面则尽量减轻穿着时的刺痒感。

（2）麻织物中的纤维虽经脱胶，但仍有残余胶质。由于纤维抱合力差，织造时均上重浆，再加上麻纤维有裂纹横节，耐化学药品性比棉差，因此，退煮漂工艺应采用重退浆、中煮练、轻漂白的工艺。

（3）苎麻织物具有光泽较好、延伸度小、尺寸稳定性较好等特点，所以一般漂白麻织物不用丝光，但为提高给色量和色泽鲜艳度，染色印花产品必须进行半丝光。

（4）由于苎麻纤维延伸度低，纤维偏硬又带脆性，因此加工中应尽量放松张力，尽量不要过烘。

思考与练习

简述苎麻纺织纤维的生产工艺过程及产品前处理的生产工艺过程。

第二节 亚麻脱胶及前处理

学习目标

1. 了解亚麻粗纱煮漂的目的和原理。
2. 了解亚麻粗纱煮漂工艺及影响因素。

3. 了解亚麻短纤维的加工工艺。

4. 了解亚麻织物的前处理工艺。

亚麻纤维的主要化学成分与棉相似，纤维素含量较低，果胶质含量较高，纤维聚合度、结晶度、取向度均较棉纤维高，故其手感硬、染色性能差；亚麻纤维表面光滑，没有天然扭曲，故纤维具有挺括、滑爽、有韧性等优点，但弹性差、易折皱。

从亚麻茎中获取亚麻纤维的过程称为亚麻纤维的初步加工，工艺流程：亚麻原茎→选茎及束捆→浸渍麻（沤麻）→干燥→入库养生（成为干茎）→碎茎→打麻。

一、亚麻脱胶方法

1. 沤麻

在亚麻的初加工中进行沤麻。沤麻为第一次脱胶，一般采用生物脱胶，利用微生物的作用分解部分胶质，使纤维与麻屑分离，如雨露沤麻和温水沤麻。

2. 化学脱胶

在亚麻的纺纱工艺中进行化学脱胶。化学脱胶为第二次脱胶，采用粗纱煮漂的方法，利用烧碱、漂白剂和助剂的作用，去除大部分杂质，使纤维变细。

3. 机械梳理

对亚麻棉混纺原料的亚麻短纤维（亚麻二粗）来说，机械梳理的物理机械作用可使纤维分裂变细。

机械梳理和化学脱胶，均是在保证亚麻短纤维长度的前提下，降低纤维的线密度。

二、亚麻纺纱工艺中的粗纱煮漂

1. 粗纱煮漂的目的

（1）使粗纱变细，增加纤维的可纺性和产品质量。

（2）去除纤维中的杂质（如木质素、半纤维素等），降低细纱断头，提高生产效率。

（3）为亚麻织物的煮练、漂白减轻负担。

2. 粗纱煮漂加工原理

与棉纤维的煮漂类似。根据纤维素与杂质的化学结构和化学性质的不同，在高温、高压条件下，利用化学药品使纤维中的杂质乳化、溶解、增溶等。与此同时，剩余部分得到软化，使纤维的线密度进一步降低，保障纺纱顺利进行。

3. 粗纱煮漂设备

高温高压粗纱煮漂需特种不锈钢设备，设备内备有特殊的粗纱架及相应的粗纱管。要求煮、漂均匀，并且粗纱不能紊乱。

4. 粗纱煮漂工艺及影响因素

（1）工艺类型。有碱煮一氯氧漂、碱煮一氧漂、碱煮一亚漂、碱煮一亚氧漂、碱氧一浴法。碱氧一浴法对环境污染小，煮漂液损失小，但纤维分裂度提高不大，木质素去除和软化效果较差，经济效益较差。

（2）工艺参数（高温高压）

1）煮练。烧碱 3 g/L，硅酸钠 4 g/L，渗透剂 1～2 g/L，磷酸三钠 0～2 g/L，浴比 1∶(10～20)，温度 110℃以上，时间 50～90 min。

2）亚漂。有效氯 2.5 g/L，浴比 1∶(10～20)，温度 90℃，时间 50 min 左右。

3）氧漂。主要目的是脱氯，也能起到煮练的效果，清除纤维表面杂质，提高纺纱质量。

三、亚麻短纤维的加工工艺

亚麻短纤维是亚麻原茎在打麻过程中的落麻，俗称亚麻二粗。该部分纤维大都是亚麻原茎的根部、梢部的纤维，其特点是纤维含杂高、长度短、分裂度低（纤维线密度高）且分裂度不均匀，纤维中的木质素含量较高，纤维粗硬。因此，亚麻短纤维必须先经除杂（麻屑、灰尘），提高纤维的整齐度，再进行化学脱胶变细。

1. 除杂

主要采用物理机械方法如梳理等去除纤维中的麻屑、提高整齐度，使纤维达到纺纱要求。

2. 化学脱胶

亚麻短纤维的部分脱胶与苎麻纤维脱胶相同，即采用煮漂工艺。脱胶的原则是降低纤维的线密度、保持纤维的长度。

亚麻短纤维的脱胶工艺流程：亚麻短纤维→酸洗→水洗→煮练→水洗→漂白→水洗→脱水→烘干。

（1）酸洗。其目的是清除纤维中的杂质，如半纤维素、灰尘等，使麻皮尽快润湿。采用 1.5～3 g/L 的硫酸在室温下酸洗，时间为 10～15 min，浴比为 1∶15。需要注意的是，酸洗工序之后要尽快进行下一工序的加工，不允许带酸搁置，以免引起纤维的损伤。

（2）煮练。亚麻短纤维煮练的主要助剂是氢氧化钠（也含有部分碳酸钠），用量为 3～5 g/L，助练剂有硅酸钠 2 g/L、亚硫酸钠 1～2 g/L、渗透剂 1 g/L、净洗剂 0.5～1 g/L、软水剂 0～1 g/L。煮练时一般采用高温高压设备，温度在 110℃左右，时间为 60 min。煮练之后要进行充分的水洗，以利于纤维的漂白。

（3）漂白。一般有亚氯酸钠、次氯酸钠、双氧水三种漂白剂可供选择，最适宜的漂白工艺是用亚漂→氧漂（脱氯）。该工艺特点是能有效地保护纤维素不受损伤，纤维长度、强度也能满足纺纱要求，同时使纤维的并生物如木质素、半纤维素等得到有效去除。有些企业因受到设备条件的限制而采用氯漂→氧漂工艺，也可实现工艺要求，但亚麻短纤维的损失稍大些，产品质量也不及亚氯酸钠漂白工艺稳定。

四、亚麻织物的前处理

亚麻织物的前处理也是亚麻纤维脱胶的方法之一，但与亚麻粗纱煮漂、亚麻短纤维纺前脱胶的目的不同，其目的是为了后续的印染加工顺利进行。所以在保证加工质量的前提下，一般需要尽量保留亚麻纤维中的果胶质以保证其风格。

1. 亚麻织物前处理工艺类型

有平幅连续加工和平幅间歇加工两种，很少采用绳状加工。但大多数采用先绳状煮练、后平幅漂白的加工方式。无论采用何种加工方式，都是以不损伤织物、不留下不可恢复的轧痕为制定工艺的依据。

2. 亚麻织物前处理工艺流程

（1）平幅煮漂联合机的前处理工艺流程。翻布→缝头→刷毛→烧毛→退浆→煮练→酸洗→氯漂→氧漂→烘干落布。

（2）间歇式加工的前处理工艺流程。翻布→缝头→刷毛→烧毛→退浆→煮练→氯漂→氧漂→烘干落布。

3. 亚麻织物前处理工艺参数

（1）烧毛。由于亚麻纤维比较刚硬、在纱线中的抱合度较差，导致亚麻织物表面绒毛较多且长，宜采用气体烧毛机（多次烧毛）。

烧毛火口温度一般为 900～1 000℃，车速为 90～100 m/min，二正二反，烧毛光洁度可达 3～4 级，织物表面绒毛基本烧除。

（2）退浆。平幅堆置退浆工艺条件：混合碱液的浓度为 5～8 g/L（以氢氧化钠计），轧碱温度为 60～70℃，堆置时间为 4～6 h，然后充分水洗。

间歇式加工的退浆在卷染机上进行，其工艺条件：混合碱的浓度为 7 g/L（以氢氧化钠计），温度为 95℃，时间为 30 min，热水洗 2 道，流水洗 2 道。

（3）煮练。亚麻纱在粗纱煮练过程中没有且不允许彻底脱胶，其经过烘干后又包裹在纤维内部而煮不透。为了保障纤维的强度，织物应采用重煮轻漂的加工工艺。

1）平幅连续常压煮练工艺

①工艺流程。浸轧碱液→常压煮练→水洗。

②工艺条件。浸轧碱液浓度 24～26 g/L，渗透剂 2 g/L，亚硫酸钠 5 g/L，轧碱温度 60～70℃，轧液率 120%，煮练温度 100～102℃，煮练碱液浓度 24～26 g/L，煮练时间为 2 h 且煮练之后要充分水洗。

2）高温高压巨型卷染机工艺。混合碱液（以氢氧化钠计）7%～10%，亚硫酸钠 3 g/L，渗透剂 3 g/L，温度 125℃，煮练时间 60～90 min 且煮练之后要充分水洗。

（4）酸洗。为了去除亚麻织物上的麻屑、无机盐、重金属离子等杂质，提高织物白度、减少纤维强力损失，有必要进行酸洗加工。

1）平幅连续酸洗的工艺条件。浸轧硫酸 5～7 g/L，室温，堆置时间 1 h。

2）平幅间歇酸洗的工艺条件。硫酸 3～5 g/L，室温 3～25℃，处理时间 30 min，浴比 1∶20。

（5）漂白。亚麻织物的漂白大都采用氯漂一氧漂。

1）次氯酸钠漂白（氯漂）

①平幅连续氯漂的工艺条件。浸轧液有效氯浓度 3～5 g/L，酸度（H^+）0.05～0.1 g/L，浸轧温度为室温（25～30℃），堆置时间 1 h。

②平幅间歇氯漂的工艺条件。有效氯浓度 1.5～2 g/L，酸度（H^+）0.05～0.1 g/L，温度 25～30℃，堆置时间 45 min。

2）双氧水漂白（氧漂）

①平幅连续氧漂的工艺条件。双氧水（100%）4～5 g/L，碱度（OH^-）2～3 g/L，稳定剂 3～4 g/L，汽蒸温度 85～90℃，堆置时间 40～60 min。

②平幅间歇氧漂的工艺条件。双氧水（100%）3 g/L，稳定剂 4 g/L，碱度（OH^-）2～3 g/L，温度 85℃，堆置时间 45 min。

（6）丝光。麻的光泽性较好，亚麻织物的丝光主要目的是为了提高吸附能力、尺寸稳定性和染色性能，并消除染色折痕。

由于亚麻纤维中纤维素含量少，并嵌束纤维成纱，使得亚麻纤维的延伸度较低，在浓碱作用下强力会下降，同时引起纤维过度收缩，给扩幅造成困难，影响织物的手感，故丝光碱浓度为 140～220 g/L。

思考与练习

1. 亚麻纺织产品的生产一般分为传统湿纺产品和短麻干纺产品两大类，分别简述从纤维到染整产品的基本生产工序。

2. 苎麻纤维制品与亚麻纤维制品的异同点是什么？两类纤维制品的前处理加工有何本质区别？

第三节　麻混纺织物的前处理

了解麻混纺织物的前处理工序。

亚麻或亚麻二粗与棉以一定的比例混纺，可弥补纯亚麻织物生硬、粗糙的缺陷，但是给织物的前处理加工带来了一定的困难。如前处理不当，会给染色加工造成不良影响，主要是织物强力损失严重。

一、前处理工艺流程

坯布准备→烧毛→退浆→煮练→漂白（→烧毛）→丝光→烘干落布。

二、工艺处方及工艺条件

1. 烧毛

宜采用气体烧毛机，二正二反，一般在煮漂后二次烧毛。

2. 退浆

可以采用碱退浆或酶退浆。

(1) 轧酶退浆工艺处方。退浆剂 5 g/L，食盐 5 g/L，渗透剂 3 g/L。

(2) 酶退浆工艺条件。轧酶温度 50～55℃，室温堆置，堆置时间 120 min，水洗要充分。

3. 煮练

(1) 麻纤维中的木质素、果胶质、蜡质、黄色的麻皮较多是影响漂白、染色效果的重要因素，必须充分去除，使漂白更加有效，但要注意织物失重和亚麻风格的保持，宜采用常温常压工艺。

(2) 煮练工艺处方。烧碱（100%）25 g/L，亚硫酸钠 3 g/L，渗透剂 5 g/L，水玻璃 3 g/L。

(3) 煮练工艺条件。煮练温度 100℃，时间 4 h，热水洗温度 90～95℃。

4. 漂白

(1) 煮练后的漂白，可将色素及麻皮漂白，使织物达到一定的白度，同时进一步去除亚麻纤维中的木质素等杂质。亚麻/棉织物的漂白工艺宜采用次氯酸钠－双氧水漂白工艺，即氯－氧漂。而氯漂工艺对麻皮的漂白及织物白度提高的效果优于氧漂工艺，但要注意织物的强力和稳定剂的性能。

(2) 氯漂工艺处方。有效氯浓度：漂白 10 g/L，复漂 5 g/L；室温；堆置时间60 min；pH 值 8～9。

(3) 氧漂工艺处方。双氧水（100%）3～4 g/L，双氧水稳定剂 4 g/L，温度 90℃，堆置时间 45～50 min。

5. 丝光

(1) 应注意保护纤维外包覆的果胶质，避免麻织物风格受到破坏和拉烂边的现象，所以丝光的烧碱浓度控制在 140～150 g/L 比较适宜。

(2) 麻纤维遇浓碱后收缩较大，造成扩幅困难，对手感也有一定影响，所以布铗拉幅时，扩幅程度应比纯棉织物缩小 2～3 cm。

(3) 丝光后要充分去碱。

1. 麻类织物丝光与棉织物丝光的工艺条件有何不同?

2. 在麻类织物的漂白工艺中，需用氯漂和氧漂，即所谓的“氯－氧漂”，其各自的工艺目的是什么?

第三章　羊毛纤维制品的前处理

第一节　洗　　毛

1. 了解原毛及其杂质、羊毛前处理工序。
2. 掌握洗毛的目的、原理、方法、工艺及影响因素。
3. 了解洗净毛的质量要求及评定。

从羊身上剪下的羊毛称为原毛。除羊毛纤维外，原毛中还含有大量的杂质。羊毛纤维在原毛中的百分含量称为净毛率。原毛纤维中的杂质主要有如下三类：

一是动物性杂质：如羊毛脂、羊汗、羊的排泄物等。

二是植物性杂质：如草屑、草籽、麻屑等。

三是机械性杂质：如沙土、尘灰等。

原毛中含有杂质的种类、含量及其性质，随羊的品种、牧区情况及饲养条件的不同而存在差异，杂质含量一般为40%～50%，有的甚至高达80%。因此，杂质从羊毛上被清除的难易程度不同，清洗方法也各不相同。原毛不能作为纺织材料直接使用，必须经过选毛、开松、精练（洗毛）、炭化、漂白等前处理过程。

选毛和开松主要采取机械方法或人工方法，将原毛分类、分等，并除去羊毛中携带的大部分沙土类机械性杂质，使羊毛以一种较好的分散状态进入下一道工序。洗毛、炭化和漂白以化学方法和机械方法相结合，除去羊毛纤维上存在的大部分动物性杂质、植物性杂质和少量色素，使其成为具有一定强度、洁净度、白度、松散度、柔软度的合格净毛。这样的净毛可用于后续的成条、纺纱、纺织、染整等一系列成品加工。

洗毛的目的主要是除去原毛中的羊毛脂、羊汗及沙土等杂质。洗毛质量如果得不到保证，将直接影响梳毛、纺纱及织造工程的顺利进行。羊汗的主要成分为无机盐，能溶于水。羊毛脂是羊脂腺的分泌物，它黏附在羊毛的表面，起着保护羊毛的作用。羊脂不溶于水，要靠乳化剂或者有机溶剂才能洗除。洗毛方法有乳化洗毛法、羊汗法、溶剂洗毛法以及冷冻洗毛法等，其中以乳化洗毛法应用最为普遍。

一、乳化洗毛法

乳化洗毛法利用以表面活性剂为主要成分的洗涤剂在水溶液中具有的润湿、乳化、分散、增溶、浮选等作用，将羊毛脂从羊毛纤维上洗除。在羊毛脂被乳化去除的同时，羊汗和沙土等杂质也被洗除。

1. 乳化法工艺影响因素

影响乳化洗毛法洗毛效果的主要因素有洗毛用剂、洗毛温度、洗毛液 pH 值、洗涤剂用量、原毛投入量等几个方面。

（1）洗毛用剂。洗毛用剂主要包括洗涤剂和助洗剂两部分。

1）洗涤剂。洗涤剂主要有肥皂和合成洗涤剂两类。

肥皂是一种常用的阴离子型表面活性剂，其作为洗涤剂使用时，不仅具有去污性能良好、价格便宜等优点，还能使洗后的羊毛具有较柔软的手感，因此成为使用历史最久的原毛洗涤剂。肥皂的缺点是对酸较敏感、不耐硬水，在酸性条件下易水解生成脂肪酸而降低洗涤效果，遇硬水易生成钙、镁化合物沉淀并黏附于羊毛上不易去除。因此，用肥皂洗毛时必须配合使用纯碱，纯碱在洗毛液中不但有稳定 pH 值，以保证肥皂在碱性条件下充分发挥洗涤效果，也有较好的硬水软化作用，以保护肥皂免受硬水损害。肥皂与纯碱结合的洗毛方法，通常称为皂碱洗毛法。

由于皂碱洗毛法对羊毛纤维有一定的损伤作用，故肥皂已逐渐被各种合成洗涤剂所代替。应用于洗毛的合成洗涤剂均为阴离子型表面活性剂和非离子型表面活性剂的复合体。常用的合成洗涤剂产品有净洗剂 601、净洗剂 LS、净洗剂 ABS、洗涤剂 209、平平加 O、TX－10 等。这些合成洗涤剂耐硬水，并可在弱碱性、中性甚至酸性浴液中洗毛，具有对羊毛损伤小、洗毛质量好等优点，因而应用较广泛。

2）助洗剂。助洗剂能帮助洗涤剂发挥更高的洗涤效果，并能适当降低洗毛用剂的应用成本。常用的助洗剂有纯碱、食盐、元明粉等。助洗剂多为无机电解质，它们有利于洗涤液中的表面活性剂分子发生聚集，形成大量胶束，从而降低水浴液的临界胶束浓度（CMC 值），使洗涤剂在较低浓度下就能充分发挥乳化、分散、洗涤作用，从而节省洗涤剂的用量，使洗涤剂的应用效率和应用效能均得到提高。同时，由于助洗剂在水浴液中离解后产生的阴离子能吸附在羊毛纤维和污垢的表面，纤维和污垢所带的负电性提高，因此排斥力作用有利于污垢与羊毛纤维之间的脱离，从而增进去污效果。另外，有些助洗剂如纯碱还可作为软水剂。

（2）洗毛温度。单从洗涤效果来看，洗毛温度以高温为好。温度高可以适当降低水的表面张力，有利于羊毛纤维迅速吸附、渗透洗涤剂，减小羊毛脂与纤维之间的亲和力，并促进沙土类杂质脱离纤维，加快沉降。温度高不仅有利于洗涤剂的乳化作用，促使洗涤剂与羊毛脂中的脂肪酸发生皂化反应，从而提高洗涤剂的去脂效果，还可以促进羊汗的溶解。但从另一方面来讲，洗毛温度太高会影响羊毛纤维的弹性和强度，尤其在碱性溶液中羊毛更易受损伤，并易于毡缩。因此，对于洗毛温度的选择应综合考虑，既要尽量减少对羊毛的损伤，又能较充分地发挥洗涤剂的作用。

（3）洗毛液 pH 值。洗毛液的 pH 值对洗毛质量影响较大。一般来讲，pH 值较高时，洗毛效果较好，但羊毛纤维的强度会随之下降。pH 值对洗毛质量的影响又与洗毛温度和洗毛液浓度密切相关，当 pH 值在 8 以下时，羊毛强度损伤很小；当 pH 值为 8～11 时，羊毛的强度随洗毛液浓度的增加而降低；当洗毛液温度低于 50℃、pH 值在 10 以下时，羊毛纤维尚无严重损伤，如果超过这一温度和 pH 值，则羊毛受损程度明显增加。所以采用皂碱法洗毛时，洗毛液 pH 值应控制在 10 以下。由于羊毛产地土壤碱性强弱不同，在洗毛过程中洗毛液的碱度会有不同程度的增加，使洗毛液的 pH 值上升。所以在洗毛过程中，要注意监控洗毛液的 pH 值变化。

（4）洗涤剂用量。确定洗涤剂使用量时，既要保证洗毛质量，又要考虑经济效益。洗涤剂用量主要依据如下两方面来确定。

1）羊毛脂的性能。含脂肪醇类多的羊毛脂比较难洗，洗毛液中应增加洗涤剂的用量；洗含脂肪酸多的羊毛脂时，由于脂肪酸可以被碱皂化而除去一部分，故洗毛液中可增加纯碱的用量。

2）羊毛脂的含量。一般而言，洗含脂多的原毛时，洗涤剂耗用量比洗含脂少的原毛要多。细羊毛的羊毛脂含量高，洗涤剂的用量可适当提高，而粗羊毛可酌减。

（5）原毛投入量。原毛投入量在生产上也称为原毛喂入量。原毛投入量直接关系到洗毛的产量和质量。投入量的多少需根据羊毛脂的难洗程度、含脂率和含杂率确定。对于含脂高、不易乳化而难洗的原毛，适当减少投入量有利于提高洗毛质量；对于含脂低、易乳化而好洗的原毛，可以适当增加投入量，这样可在保证质量的条件下提高产量。一般地讲，细羊毛较粗羊毛投入量少，新疆细羊毛较进口澳毛投入量少。原毛投入量一般为 400～700 kg/h。

2. 乳化洗毛设备

洗毛设备有耙式洗毛机、喷射式洗毛机等多种型式。目前应用较多的为耙式洗毛机，结构如图 3—1—1 所示。

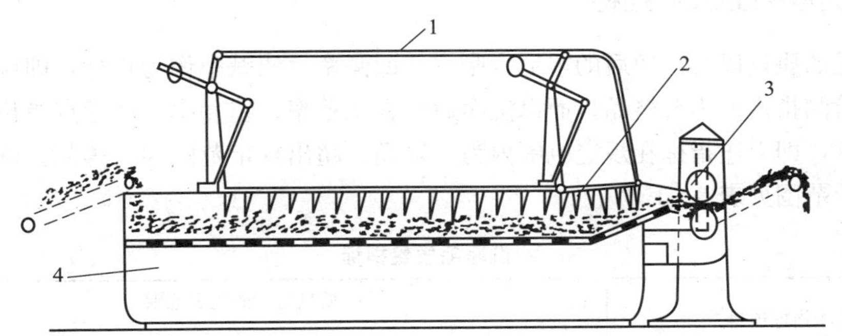

图 3—1—1　耙式洗毛机的结构

1—耙架　2—耙齿　3—轧轴　4—洗毛槽

耙式洗毛机一般由 3～5 个洗毛槽组成。以使用较多的五槽耙式洗毛机为例：第一槽为浸渍槽，用清水润湿羊毛纤维并洗除沙土类杂质。国产羊毛含土杂量大，可适当提高温度并加大水流。第二、第三槽为洗涤槽，在槽中将洗涤用剂配制成洗毛液，洗除羊毛纤维上的绝大部分羊毛脂和非脂杂质。第四、第五槽为漂洗槽，用清水洗除羊毛中残余的杂质和洗涤用剂，以保证羊毛洁白而有光泽。羊毛在耙式洗毛机中受到耙齿的连续拨动、轧辊的挤压及洗毛液流动的冲击等机械作用，使所携带的沙土、羊汗、羊毛脂等便于除去。

耙式洗毛机一般与开毛机、烘毛机组合为开、洗、烘联合机。

喷射式洗毛机使洗涤液在高压作用下强行透过羊毛，其洗涤效率较高，可大大节省洗毛时间，提高洗毛的喂入量，并可避免羊毛的毡结。缺点是不适宜含沙土等杂质较高的原毛，故在洗毛工艺中应用不多。

二、其他洗毛方法

1. 溶剂洗毛法

溶剂洗毛法的基本原理是将开松过的羊毛以苯或己烷等为浴剂，使羊毛脂浴解其中，然后再将有机溶剂收回并分离出羊毛脂。脱脂后的羊毛还要用水洗去羊汗及其他杂质。溶剂洗毛法也称苯取法，在实验室中，常用该方法测定洗净毛的含脂率。

溶剂洗毛法使用喷射式洗毛机，目前可实现连续化生产。溶剂洗毛法的优点是不损伤羊毛，羊毛不毡结、不泛黄，洗净毛上残留的羊毛脂分布均匀，纤维分散度高，梳毛时纤维断裂较少，羊毛脂回收率高，耗水量少。缺点是设备结构复杂，投资费用大，含沙土类杂质高的原毛不适用，有机溶剂回收费用大且易燃烧，目前应用较少。

2. 冷冻法

冷冻法即利用氨作降温剂，将羊毛在很低的温度下（－45～－35℃）处理，此时羊毛脂、羊汗等完全冻结成脆性固体，再借助于机械作用将杂质粉碎，使之与羊毛分离。经这种方法去除的杂质约为羊毛重量的10％，其中去除的羊毛脂仅为总量的30％～57％。因此，经冷冻法处理过的羊毛还需经轻度的洗毛，才能使羊毛质量符合要求。这种原毛处理方法目前较少采用。

三、洗净毛的质量指标

洗净毛的质量以其洗净后的羊毛含脂率、回潮率、残碱率作为指标，即洗净毛符合上述各项检测指标的为合格品。而以洗净后的含土草率、毡并率、沥青点等作为洗净毛的分等条件，即上述指标在规定范围内为一等品、超出规定范围为二等品。洗净毛质量指标的规定范围见表3—1—1。

表3—1—1　　洗净毛质量指标

洗净指标项目	质量指标的规定范围	
	支数毛	级数毛
含脂率（％）	0.5～1.2	0.6～1.4
回潮率（％）	12～18	

续表

洗净指标项目	质量指标的规定范围	
	支数毛	级数毛
含残碱率（%）	不超过 0.6	
含土草率（%）	不超过 3%为一等品	不超过 5%为一等品
毡并率（%）	不超过 2%为一等品	不超过 3%为一等品
沥青点	不允许出现，有则降级	

思考与练习

1. 什么叫原毛？原毛中通常含有哪些杂质？
2. 什么是乳化洗毛法？乳化法工艺影响因素有哪些？
3. 洗毛温度为何不能太高？一般控制为多少？

第二节　炭　　化

学习目标

掌握炭化的目的、原理及工艺。

为了彻底清除羊毛中混杂的植物性杂质，保证后续加工的顺利进行，需要利用酸对羊毛纤维和植物性杂质的化学作用不同，在羊毛纤维少受伤害的前提下，将植物性杂质转变为黑色的炭，再通过机械粉碎、除尘、水洗等方法将其从羊毛纤维中清除，这一工序称为炭化，也叫去草处理。如果在酸的浓度过高、高温的长时间联合作用下，会造成羊毛大分子肽键的水解，并生成氨基磺酸，从而造成羊毛强力下降，色泽变黄，还会引起染色性能降低。

根据羊毛纤维制品的形态，羊毛的炭化可分为散毛炭化、毛条炭化和匹炭化三种。

一、散毛炭化工艺

该工艺适用于粗纺产品，优点是去除植物性杂质的效果较好，缺点是对羊毛纤维的损伤较大，而且设备庞大，成本也较高。炭化时可加入羊毛保护剂，以减少对羊毛的损伤。

1. 工艺流程

浸水→浸酸→脱酸→烘焙→轧炭→中和水洗→烘干。

2. 工艺条件

（1）浸水。润湿羊毛及草类杂质。具体操作是先将干毛在室温水中浸渍 20～

30 min，水中可加入少量的（1.2%～3%）表面活性剂如渗透剂JFC、平平加O、烷基磺酸钠等，以增进润湿效果。为了防止润湿后的羊毛及草类杂质含湿量大而引起的酸液浓度不易控制，影响炭化质量，要通过轧水或离心脱水处理，使羊毛的含水率不超过30%。

（2）浸酸。硫酸液浓度3.5%～6%，温度为室温，时间3～5 min。

（3）脱酸。生产中多采用轧辊脱酸，以防止烘干过程中羊毛纤维上多余的酸浓缩，造成羊毛损伤。一般脱酸后羊毛的带液率为34%～36%，其中含酸率不得超过6%。要根据需要适当调节轧辊压力，压力过大，羊毛易发生毡结；压力过小，羊毛含液率高，烘焙后易使羊毛酸损。为使轧压后的羊毛含液均匀，可在轧辊上平整地包覆一层毛条，并保持良好的弹性。也可采取离心脱酸机脱酸。

（4）烘焙。这一工序是保证植物性杂质所吸收的酸液逐渐浓缩至一定程度后，迅速使植物性杂质脱水、成炭、变脆，以便于在下一道工序中被粉碎除去。烘焙又分为烘干和焙烘两个阶段。烘干温度为60～70℃，含液率在15%左右；焙烘温度为100～110℃，含液率在3%以下。

（5）轧炭。经过烘焙处理后的羊毛必须立即进行轧炭处理，否则已炭化的杂质会逐渐吸收空气中的水分而变韧，不易去除。轧炭是对羊毛进行机械性的挤压、揉搓，使已炭化的植物性杂质粉碎脱落，再通过除杂装置使炭化草杂与羊毛纤维分离除去。轧炭过程在轧炭除杂机中进行，机内有12对沟槽轧辊，通过调节各对轧辊间的距离、轧辊转速、上下轧辊的转速比，使毛层逐渐减薄，从而便于碾碎、磨匀草杂。碾碎后的炭化草杂经过气流式除尘笼箱，从尘网网眼中分离出来，除尘后的羊毛纤维由滚筒出口甩出机外。

（6）中和水洗。为了去除羊毛纤维上的残酸，进一步洗除植物性杂质，在轧炭后需要进行中和水洗。中和水洗过程由水洗一中和一水洗三个阶段组成，常在耙式洗毛机中进行。

（7）烘干。中和水洗后的羊毛应立即烘干，通常在帘式烘干机上以60～70℃烘干4～6 min，且以低温、快速烘干为好。烘干后的羊毛降温至25～30℃，使得回潮率均匀。

二、毛条炭化（已经过梳理）

毛条炭化作用原理与散毛炭化相同，炭化工艺也与散毛炭化相似。但毛条经过初步梳理后变得疏松，而且羊毛纤维中较大的植物性杂质已被大量去除，长草杂和麻丝已被梳理成单纤维状，因而毛条吸酸快，植物性杂质炭化分解容易，采用低浓度酸处理及低温烘焙就能达到炭化除草的目的，不必采用轧炭处理。毛条炭化的优点是对羊毛纤维的损伤较小、炭化成本较低；缺点是毛条炭化后的羊毛纤维纺纱强力较低，纺纱能力下降，成品手感也较差。

1. 工艺流程

浸水→浸酸→轧酸→烘焙→水洗中和→烘干。

2. 工艺条件

（1）浸酸。硫酸浓度为3.6%～4.0%，温度为35～38℃，时间为16 s。

(2) 轧酸。含液率为28%，含酸率为5.12%。

(3) 烘焙。烘干温度75～80℃，时间1～2 min，焙烘温度90℃，时间1～2 min。

三、匹炭化

匹炭化一般用于含植物性杂质较少的原料，羊毛纤维是在未经处理的条件下进行纺织加工的，所以织物的机械性能较好。但匹炭化具有一定的局限性，如含杂较多的产品、混纺织物及需经过缩呢的粗纺织物不适用。呢端编号和边字为纤维素纤维，烘呢时还要涂上碱液加以保护，以免被酸破坏。

工艺流程同毛条炭化的流程。

散毛炭化通常在散毛炭化联合机中进行，毛条炭化多无专用设备，常在普通的复洗机上进行，但复洗机要进行改进，把机身适当加长，洗槽改用耐酸材料。

1. 炭化的目的是什么？简述炭化去草的原理。
2. 简述散毛炭化的工艺过程，其中烘焙的目的是什么？

第三节　漂　　白

了解漂白方法及工艺。

为了进一步提高白度，有些净毛还需进行漂白加工处理。有些羊毛纺织品，在染色、印花或后整理之前，也要进行漂白处理，以改善产品质量，提高产品档次。在进行漂白加工的同时，往往配合一些增白处理，可消除织物的泛黄现象，使白度更加鲜亮。羊毛的漂白可以进行散毛漂白及织物漂白。漂白方法主要有氧化漂白、还原漂白以及氧化与还原相结合的漂白。

一、双氧水漂白

次氯酸钠易使羊毛纤维泛黄、脆损，故氧化漂白剂中不能使用次氯酸钠。实际生产中，多使用双氧水作为氧化漂白剂。在适宜的条件下，双氧水能将羊毛纤维中的色素破坏，漂白效果较好，织物白度持久，不易泛黄。但利用双氧水漂白时，应严格控制漂白工艺条件，以防止羊毛纤维过度氧化，使手感粗糙、强力下降。

双氧水漂白可以采取浸漂法和蒸漂法。浸漂法是将散羊毛或羊毛织物浸入双氧水浴液中的漂白方法。浸漂法工艺条件：在100 L水中加入10%～20%的双氧水10 L，并另加入氨水、硅酸钠，使漂液的 pH 值为 7.5～8.5，浴比为 1∶20，浸入漂物在 50℃处理 1 h 后放置 10～12 h，再升温到 50℃处理 1 h 取出，用冷水清洗。

蒸漂法工艺条件：将羊毛纤维浸轧在浓度为 0.3%～0.9%、pH 值为 3～5 的双氧水浴液中，然后在 95℃的烘房中烘干，即可达到漂白目的。

二、漂毛粉漂白（还原漂白）

漂毛粉又称漂毛剂，是 60%保险粉与 40%焦磷酸钠的混合物，商品外观为白色粉末，极易溶解于水，能使天然色素还原而被破坏并变为易溶解的物质而洗去。漂毛粉是一种还原漂白剂，漂白效率很强，应用简便，适合于散毛漂白，且不易损伤纤维，但白度不稳定，长时间与空气接触时易受空气氧化而泛黄。散毛漂白时，将羊毛放入 40℃的漂毛粉溶液中（浓度为 3 g/L）处理，每隔 0.5～1 h 翻动一次，以使其作用完全。维持 40℃处理 20～24 h，漂白效果即达到，取出漂后散毛并用水洗净，再经稀硫酸（98%浓硫酸 2 L 溶于 1 000 L 水中）处理，取出后立即水洗、脱水、干燥。若用于毛织物漂白，轻薄织物使用的漂毛粉浓度为 1 g/L，厚重织物为 5 g/L，漂液温度不宜超过 45℃。

三、氧化一还原漂白

氧化一还原漂白一般先进行氧化漂白，后进行还原漂白，这种漂白方法又称双漂。双漂工艺同时具有氧化漂白和还原漂白的优点，光泽洁白，漂白效果持久，织物手感好，强度损失小。

四、增白处理

羊毛纺产品经过氧化或还原漂白后，常带有黄光，因此可在漂白过程中同时进行增白。用荧光增白剂 VBL 或 WG 等同时进行增白处理的效果更好。

工艺举例：

荧光增白剂 WG 与漂毛粉同浴处理时的增白工艺：浴比为 1∶(10～30)，增白剂用量为 0.2%～0.5%（对织物重），pH 值为 3～5，温度为 50～60℃，时间为30 min。

羊毛散毛或羊毛织物采取双氧水漂白有何优点？

第四章　蚕丝纤维制品的前处理

第一节　桑蚕丝织物的前处理

1. 掌握脱胶的目的、原理。
2. 了解精练设备及方法。
3. 掌握桑蚕丝织物练漂质量要求及评定。

蚕丝织物含有大量杂质，这些杂质主要是纤维本身固有的丝胶及油蜡、无机物、色素等。此外，还有在络丝前进行浸渍处理所加入的浸渍助剂，为识别捻向所用的着色染料（如酸性染料）和操作过程中沾上的油污等。这些天然杂质和附加杂质的存在不仅有损丝织物柔软、光亮、洁白的优良品质，影响服用性能，而且还使坯绸很难被水及染化料溶液所润湿，妨碍印染加工。坯绸精练的目的主要在于去除丝胶，同时附着在丝胶上的杂质也一并除去。

一、桑蚕丝织物的脱胶

1. 脱胶原理

丝胶与丝素虽然都是蛋白质，但它们的氨基酸组成、大分子链排列以及超分子结构都存在着很大的差异。丝胶蛋白质的极性氨基酸含量比丝素蛋白质高得多，而且分子间的排列远不如丝素整齐，结晶度低，几乎无取向。由于丝素与丝胶的上述差异，导致两者性质的不同。丝素在水中不能溶解，而丝胶在水中特别是在近沸点的水中发生剧烈溶胀而溶解。丝素对酸、碱等化学药品及蛋白水解酶等有较高的稳定性，而丝胶的稳定性很低。利用这一特点并采用适当的方法和工艺条件，将丝胶从织物上去除，并且少损伤或不损伤丝素以达到脱胶的目的。

2. 脱胶方法和工艺

桑蚕丝织物的脱胶方法主要有皂碱精练法、酶精练法和复合精练剂精练法等多种。

（1）皂碱精练。丝胶具有蛋白质的两性性质，而且丝胶蛋白质的等电点偏酸性，因此，丝胶在碱性溶液中能吸碱膨化溶解或水解成可溶性的氨基酸盐。碱也能使纤维上的油脂皂化，因而碱既可以脱胶，也可以去除油脂。在精练过程中，随着丝胶的溶解和水解，精练液的 pH 值会不断下降，需加入缓冲剂来维持精练液的 pH 值。肥皂是一种理想的缓冲剂。

肥皂属于高级脂肪酸盐，能水解生成游离碱而使溶液呈碱性（pH 值为 9～10）。当精练液的 pH 值降低时，由肥皂分解出的游离碱可起缓冲作用，并控制精练液的 pH 值。肥皂又是一种表面活性剂，它不仅能减小溶液的表面张力而有助于脱胶均匀，还能通过乳化作用去除丝纤维上的油脂。皂碱精练法不仅具有脱胶效果好的特点，而且精练产品的强力、弹性和手感等性能优异，所以皂碱精练法作为一种传统的桑蚕丝精练方法经久不衰。

皂碱精练法常以肥皂为主练剂，碳酸钠、磷酸三钠、硅酸钠和保险粉为助练剂，并采取预处理、初练、复练和练后处理等工序对桑蚕丝织物进行精练。磷酸三钠有软化硬水的作用，硅酸钠可吸附精练液中的铁、铜等金属离子及其他杂质，有助于提高织物的白度，但必须在练后完全洗净，否则将影响织物的手感、光泽并易造成染色疵病。预处理使丝胶溶胀，有助于脱胶均匀和缩短精练时间。初练是精练的主要过程，在较多的精练剂和较长的时间中除去大部分丝胶。复练的主要目的是漂白，以及除去残留的丝胶和杂质。练后处理则为水洗、脱水和烘干等，除去黏附在纤维上的肥皂和污物等。皂碱精练后的蚕丝织物具有手感柔软滑爽、富有弹性、光泽肥亮等特点，但精练时间较长，不适用于平幅精练，且精练后的白色织物易泛黄。

皂碱法精练的工艺举例如下：

预处理（纯碱 4 g/L，pH 值 11，60℃，40 min，浴比 1∶45）→初练（丝光皂5 g/L，纯碱 0.75 g/L，35%硅酸钠 2.25 g/L，保险粉 0.25 g/L，pH 值 9.5～10，98～100℃，100 min，浴比 1∶45）→复练（丝光皂 4 g/L，纯碱 0.6 g/L，35%硅酸钠1.75 g/L，保险粉 0.33 g/L，pH 值 9.5～10，98～100℃，100 min，浴比 1∶45）→碱洗（纯碱 0.4 g/L，100℃，20 min）→水洗（100℃，20 min）→水洗（80℃，20 min）→水洗（50℃，20 min）→酸处理（冰醋酸 0.4 g/L，室温，15 min）。

逐步降温水洗是为了防止织物上的皂液因突然遇冷凝聚而难以去除。桑蚕丝织物经水洗后如不染色，可用醋酸在常温下处理，以改善织物的手感、光泽并增进丝鸣。

（2）酶精练。酶精练是将蛋白质分解酶应用于蚕丝织物的脱胶。酶精练的特点是，对丝纤维作用温和，脱胶均匀，手感柔软，精练效果好于传统的皂碱精练法，在降低起毛方面的作用尤为明显。目前国内用于桑蚕丝织物精练的酶主要有 ZS724、S114 和 1398 中性蛋白酶，209、2709 碱性蛋白酶和胰蛋白酶等。各种酶皆有最适宜的作用条件。

由于酶精练在较低的温度和弱酸或弱碱的条件下进行，故不能完全去除天然蜡质、油污和浸渍助剂。如先用碱性溶液对蚕丝织物进行短时间的预处理，则将有助于丝胶的膨化，还能去除蜡质和油剂，从而获得较好的精练效果。因此，酶精练往往不单独使用，而是与其他精练方法，如皂碱精练法、合成洗涤剂碱精练法等结合使用。

酶精练的工艺举例如下：

预处理（纯碱 0.5 g/L，磷酸三钠 0.5 g/L，35%硅酸钠 1.5 g/L，分散剂 WA 1.2 g/L，保险粉 0.25 g/L，pH 值 9.5，98～100℃，50～60 min，浴比 1∶50）→水洗（60～70℃，10 min）→酶处理［2709 碱性蛋白酶（3 万单位）1 g/L，纯碱 1.5 g/L，pH 值 10，43～47℃，50～60 min，浴比 1∶50］→水洗（60～70℃，10 min）→精练（磷酸三钠 0.5 g/L，35%硅酸钠 1.5 g/L，分散剂 WA 4 g/L，保险粉 0.65 g/L，pH 值 9，98～100℃，50～60 min，浴比 1∶50）→水洗（90～95℃，10～15 min）→水洗（50～60℃，10 min）→水洗（室温，10 min）。

（3）复合精练剂精练。除脱胶以外，真丝绸精练的作用还有去除各种杂质，故需在精练液中加入多种起不同作用的精练剂。为了便于精练操作和提高精练质量，国内外推出了不少复合型精练剂，如德国 Henkel 公司的 Miltopan SE，国内的 AR—617、SR—375、821 等。它们主要由油酸钠、螯合剂、碱剂、丝素保护剂和还原剂等组成。

复合精练剂的精练工艺举例如下［浴比 1∶(40～50)］：

预浸（AR—630 洗涤剂 1 g/L，35%硅酸钠 1～1.25 g/L，55～60℃，60～80 min）→初练（AR—617 精练剂 4～5 g/L，AR—630 洗涤剂 2 g/L，35%硅酸钠 1.25 g/L，保险粉 0.3 g/L，磷酸三钠 1 g/L，98～100℃，70～90 min）→水洗（70～80℃，20 min）→复练（AR—630 洗涤剂 4 g/L，磷酸三钠 1 g/L，35%硅酸钠 1.5 g/L，保险粉 0.7～0.8 g/L，98～100℃，70～90 min）→水洗（80～85℃，20 min）→水洗（40～50℃，20 min）→水洗（室温，10 min）。

二、精炼设备

桑蚕丝织物练漂设备有间歇式精练槽（练桶）和松式平幅连续精练机等，以精练槽应用最为广泛。精练槽（又称挂练槽）脱胶属间歇式生产方式，其具有以下特点：设备简单，投资少，操作方便，能适应多品种、小批量的加工要求，但劳动强度大，内、外层脱胶不易均匀一致，特别是加工厚重强捻真丝织物时，其修复率较高。

精练槽一般由练桶、加热装置和吊车等组成。精练后的织物一般需经离心脱水或轧水打卷工艺，然后再进行染色或整理加工。

1. 普通练桶

普通练桶为不锈钢板制成的长方体，常叫练桶。桶宽 120～130 cm；桶深视织物幅宽而定，一般为 140～180 cm；长度则根据所需容积和允许占地面积而定，一般为 220 cm。目前常见练桶的容积有 3 200 L、4 000 L、4 600 L 不等。桶底部有“工”字形或“口”字形的直接加热蒸汽管，蒸汽管上面安装一块均匀布满小孔的花板假底，使蒸汽加热时不致直接冲击织物。按照练漂工艺的要求，练桶一般为 7～9 个直排，形成如图 4—1—1 所示的挂练一条龙。

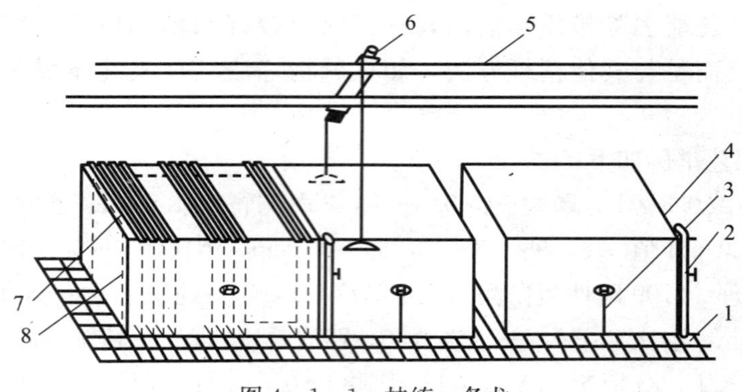

图 4—1—1　挂练一条龙

1—操作台　2—进水管　3—蒸汽开关　4—练桶　5—行车轨道
6—电动行车　7—挂绸竿　8—桶壁保温层

2. 夹层练桶

当加热练桶底部的蒸汽管时，练液上升，为了不使织物浮起，可以采用夹层练桶。夹层练桶在普通练桶的两边距桶壁 4～5 cm 处加装了一块约 2 mm 厚的不锈钢挡板。挡板下沿距桶底 20～30 cm，与桶壁间形成夹层，挡板的上沿浸没在液面之下，且略高于织物上沿。在挡板与桶壁的适当位置安放一根夹层蒸汽管。织物精练时，关闭底部蒸汽，仅用夹层蒸汽保温。由于夹层蒸汽管的蒸汽喷出口都向上，蒸汽喷出时，驱使精练液由底部涌入夹层，从夹层的上口溢出，流向练桶中央，形成自上而下的流向。这同原来使用底层蒸汽管时自下而上的精练液流向恰好相反，如图 4—1—2 所示。当夹层练桶使用不当时，也可能使液流出现“短路”，即液流不从每匹织物页间穿过，而从匹与匹间流过，并使织物各页闭合，反而影响精练的均匀程度。

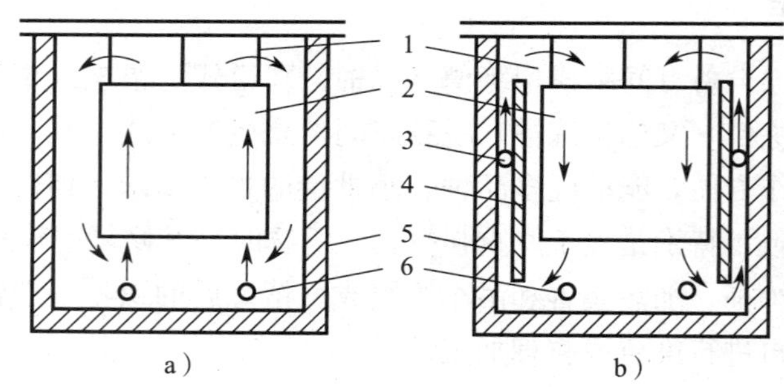

图 4—1—2　练桶比较示意图

a）普通练桶　b）夹层练桶

1—线襻　2—织物　3—夹层蒸汽管　4—夹层挡板　5—精练桶　6—底层蒸汽管

3. 平幅连续精练机

VBM 型平幅连续精练机中具有精练液循环系统、温度自控系统和 pH 值自动控制系统，其结构如图 4—1—3 所示。设备机器的机械化、自动化程度较高，有利于保证产品质量稳定，提高生产效率，降低劳动强度。在精练过程中织物以单层悬挂，故脱胶均匀，没有灰伤、白雾、吊襻印等疵病，可避免间歇式精练时桶与桶之间的脱胶差异，从而减少染色绸的匹差、头尾深浅和页面花等疵病，大大提高真丝织物的染色、印花质量。但因精练时间比挂练工艺短，故白度不如挂练工艺，因此，一般不用于生产练白成品。

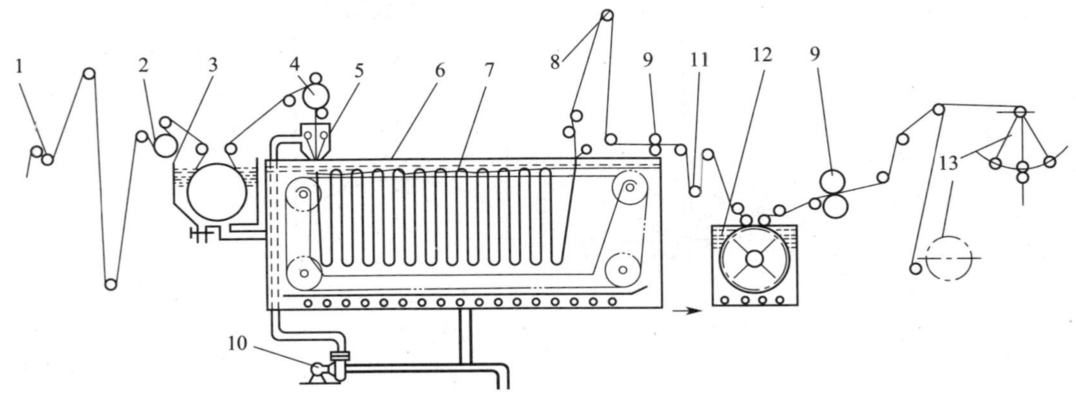

图 4—1—3　VBM 型平幅连续精练机的结构

1—进布装置　2—超喂装置　3—预浸槽　4—牵引装置　5—喂入槽　6—精练槽　7—锯齿形导轨　8—中心定位装置　9—二辊轧车　10—泵　11—张力调节装置　12—水洗槽　13—出布装置

织物先由进布装置导入预浸槽，并被精练液浸润，再借助超喂辊和成环装置平幅进入精练槽。织物在精练槽中完全舒展、不折叠，再配合挂绸杆的匀速水平运动在挂绸杆上成环。织物成环后，仍完全浸没在浴中，并以一定的速度连续向前移动。精练后的织物直接进入水洗槽水洗，最后经出布装置平幅落绸或卷取落绸。

VBM 型平幅连续精练机是真丝交织物、粘胶丝、涤纶低弹织物、尼丝纺等织物精练极为理想的设备。随着高效精练剂的开发应用，真丝绸的精练使用该机已经成熟，其中对中、厚型缎斜类织物比较适宜，但目前对乔其类、绉类轻薄织物及重磅真丝的精练还存在一定困难。

4. 星形架精练设备

如图 4—1—4 所示，真丝绸星形架精练生产设备主要由星形挂绸架、圆形精练桶和打卷机组成，适合于斜纹、纺、绉、缎类真丝织物的精练加工，尤其适用于较厚重的真丝织物。星形架精练脱胶均匀，可防止白雾、生块等疵病，并可有效地克服厚重织物在挂练中常见的吊襻皱和皱印等疵病。

5. 高温高压精练机

高温高压精练机是在耐高压（0.2 MPa）容器中进行真丝绸精练（120℃左右）的设备。它特别适合厚重、强捻真丝织物的精练，能保证丝织物脱胶均匀并减少灰伤等疵病。强捻、厚重真丝织物在常规挂练时，因为精练液温度较低（98～100℃），时间较长（4～6 h），容易导致经、纬丝脱胶不匀，造成经丝过练或纬丝脱胶不尽等疵病。方形密闭式精练釜是高温高压精练机的主体，它由密封盖、热装置和温度控制系统等组成，如图 4—1—5 所示。

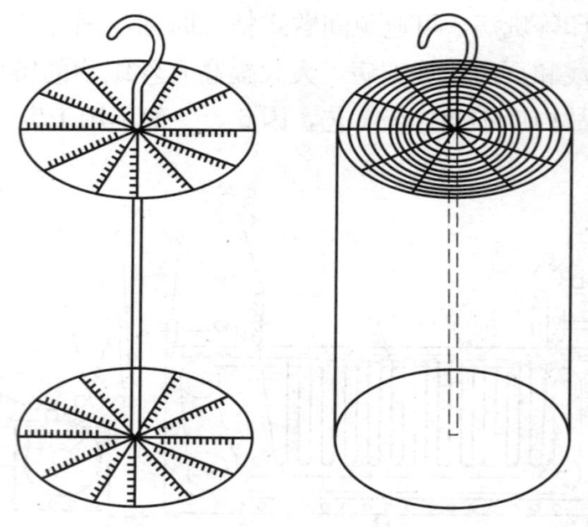

图 4—1—4　真丝绸星形架精练设备

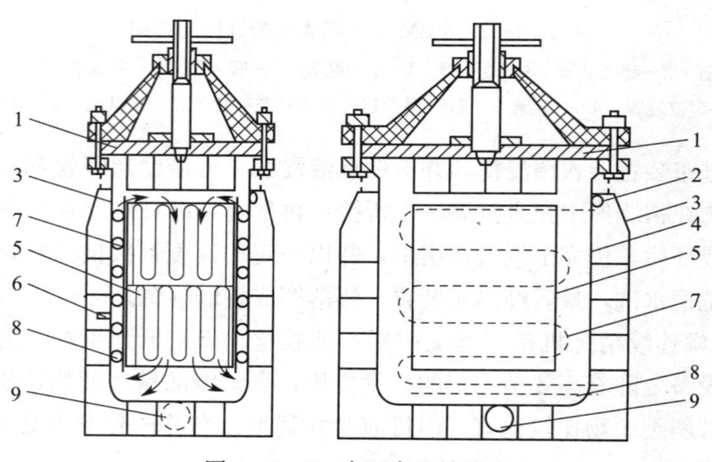

图 4—1—5　高温高压精炼机

1—密封盖　2—压力计安装口　3—精练釜主体　4—内壁　5—织物
6—温度计安装接口　7—间接加热管　8—蒸汽喷射管　9—排液口

精练釜最高使用压力为 196 kPa，精练液温度最高可达 130℃。采用直接蒸汽和间接蒸汽加热方式使精练液升温。精练釜内的精练液可进行循环，冷却方式为强制加冷水直接降温，其缺点是因强制冷却使织物出釜时发生紊乱。

6. 其他设备

鉴于针织绸容易变形，常用绳状染色机精练，虽然操作方便，但容易产生绳状印。若采用常温常压溢流染色机精练，可使织物基本处于无张力状态，且有浴比小、脱胶均匀等优点。

三、桑蚕丝织物的漂白

一般桑蚕丝所含天然色素不多，并可随丝胶一同去除，故桑蚕丝织物脱胶后已很洁白。桑蚕丝织物不需要太高的白度，否则会失去真丝织物的风格特点。为了提高织物的白度，常在精练液中加入适量的漂白剂如保险粉、双氧水等，以破坏色素，除去织造时施加的着色剂。所以实际生产中桑蚕丝织物的脱胶和漂白是同时进行的。但对白度要求高的以及经脱胶后仍呈浅黄色的黄丝坯绸须漂白。丝织物常用双氧水进行漂白，次氯酸钠不能用来漂白丝织物，因为它会损伤丝素且使织物泛黄。

双氧水漂白的工艺流程：漂白→热水洗→冷水洗。

漂液组成：双氧水（30%）2～4 g/L，硅酸钠（密度 1.4 g/cm^3）1～2 g/L，平平加 O 0.2～0.3 g/L。在浴比为 1∶(20～30)、pH 值为 8～8.5、温度为 70℃的条件下，漂白 60～120 min。

四、桑蚕丝织物练漂质量评定

桑蚕丝织物练漂后的质量标准主要有练减率、白度、泛黄率、渗透性、手感和光泽等。

1. 练减率

练减率又称脱胶率，桑蚕丝织物的练减率一般掌握在 23%～24%。在脱胶过程中可用指示剂来检验脱胶程度。常用的指示剂为苦味酸胭脂红溶液，即由苦味酸和胭脂红的铵盐组成。胭脂红溶液在 pH 值为 9～10 时不上染丝素，但能上染丝胶并呈红色，而苦味酸在 pH 值为 9～10 时对丝素和丝胶都能上染并呈柠檬黄色。因此，将 pH 值约为 9 时的指示剂溶液滴于被测织物上，视其色泽判断脱胶程度。如仅呈柠檬黄色，即表示丝胶已经脱净；如呈橘红色或橘黄色，则表示丝胶有残存。用指示剂检查脱胶程度只是定性的检验，灵敏度不高，生产中一般用计算练减率来测定。生产实践中不同产品的练减率稍有区别，一般染色、印花产品的练减率比练白绸稍低些，控制在 21%～23%，这样可以避免在后道加工过程中损伤丝纤维，剩余丝胶可起保护作用。

2. 白度

练白绸要求洁白，练白绸的白度可用白度计测定，所使用的仪器为各种类型白度仪。白度主要应符合客户的标准。

3. 泛黄率

练白绸经日光照射或长久放置后会泛黄。泛黄程度可用泛黄率表示。测定仪器仍选用白度仪。用白度仪测定练白绸的白度后，即可求出泛黄率。测试泛黄率的方法有两种：一种是先测出练白绸的白度后，将它放置 1～2 年后，再测出其白度，求出泛黄率，这种测定方法时间相隔太长，生产中实用性不强。另一种方法，即将同一块练白绸先测白度，然后放在日晒牢度机中用紫外线照射规定时间后，再测定其白度，求出泛黄率。计算公式如下：

$$泛黄率=\frac{练白绸成品白度-照射后白度}{练白绸成品白度}\times 100\%$$

练白绸的泛黄率越低越好。精练后充分洗净，彻底去除肥皂、表面活性剂等杂质，或用双氧水漂白等，均有利于降低成品泛黄率，也可通过防止泛黄后整理来降低泛黄率。

4. 渗透性

练白绸一般用作印染加工半制品，因而要求渗透均匀良好。一般用毛细管效应测定渗透性。一般毛细管效应在 10 cm/30 min 以上，已基本能适应后道加工的要求，但关键是要求绸匹整体渗透性均匀一致。

5. 手感和光泽

真丝绸的手感和光泽是练白绸的又一重要质量指标。手感和光泽的测定目前只能凭经验、用手摸和目测的方法描述。练白绸要求手感柔软、滑爽、丰满、光泽自然、明亮、摩擦后有“丝鸣”声等。符合这些要求者为优质品，反之，手感粗硬、疲软、没有身骨、光泽差或有极光等为质量较差或不合格的产品。

桑蚕丝织物前处理实验

一、目的要求

1. 学会桑蚕丝织物处理的一般工艺。
2. 会进行桑蚕丝织物的前处理操作。
3. 会对处理过的丝织物产品质量进行比较。

二、实验原理

桑蚕丝织物的前处理主要以脱胶为主，皂碱精练法的脱胶效果好，精练后织物的强力、弹性和手感等性能优异，其是一种成熟的加工工艺。

三、实验准备

1. 实验材料。桑蚕丝织物坯布一块（约重 4 g）。

2. 实验仪器。恒温水浴锅、电子天平、托盘天平、玻璃染杯（250 mL）、烧杯（500 mL、1 000 mL）、量筒（100 mL）、移液管（10 mL）、玻璃棒、角匙、吸耳球。

3. 实验药品。10%碳酸钠溶液、10%硅酸钠溶液、10%分散剂 WA 溶液、保险粉、工业品肥皂。

四、实验内容

1. 工艺处方和条件

工艺处方和条件见表 4—1—1。

2. 操作流程

（1）桑蚕丝织物的预处理。根据桑蚕丝织物重计算所需预处理液总体积和 10%碳酸钠溶液用量。用移液管吸取规定量 10%碳酸钠溶液并置于 250 mL 染杯中，加蒸馏水至规

表 4—1—1　　工艺处方和条件

试剂	预处理	初练	复练
碳酸钠（g/L）	1	0.5	0.5
硅酸钠（g/L）	0	3	1
分散剂 WA（g/L）	0	0	2
保险粉（g/L）	0	0.5	0.5
肥皂（g/L）	0	5	0
pH 值	10.5	10.0	10.0
织物重（g）	4	4	4
浴比	1∶50	1∶50	1∶50
温度（℃）	85	95	95
时间（min）	40	40	40

定体积，测量 pH 值并调节至规定值，将染杯放入恒温水浴锅中升温至 85℃备用，即为预处理溶液。将蚕丝织物放入预处理溶液中，上下翻动 1 min，处理 20 min 后再上下翻动1 min，继续处理 20 min，取出放入初练液中。

（2）初练。根据蚕丝织物重计算所需初练液总体积量、10%碳酸钠溶液用量和 10%硅酸钠溶液用量。量取适量的蒸馏水并置于染杯中，用移液管吸取规定量 10%碳酸钠溶液和 10%硅酸钠溶液。称取规定量的肥皂并置于 50 mL 烧杯中，加入适量的蒸馏水溶解后，倒入染杯中，最后加蒸馏水至规定总体积量，测量 pH 值并调节至规定值，将染杯放入恒温水浴锅中升温至 95℃备用，即为初练液。

将预处理过的蚕丝织物放入初练液中，上下翻动 1 min，处理 20 min 后，用玻璃棒夹出蚕丝织物，加入规定量的保险粉，搅匀溶解，放入蚕丝织物并上下翻动 1 min，继续处理 20 min，取出织物并放入复练液中。

（3）复练。根据蚕丝织物重计算所需复练液总体积量、10%碳酸钠溶液用量、10%硅酸钠溶液用量和 10%分散剂 WA 溶液用量。用量筒量取适量的蒸馏水并置于 250 mL 染杯中，用移液管吸取规定量的 10%碳酸钠溶液、10%硅酸钠溶液和 10%分散剂 WA 溶液，最后加蒸馏水至规定总体积量，测量 pH 值并调至规定值，将染杯放入恒温水浴锅中升温至 95℃备用，即为复练液。

将经初练的蚕丝织物放入复练液中，上下翻动 1 min，处理 20 min 后，用玻璃棒夹出蚕丝织物，再加入规定量的保险粉，搅匀溶解，放入蚕丝织物并上下翻动 1 min，继续处理 20 min 后取出织物。复练后的蚕丝织物经 90℃热水洗、60℃热水洗和冷水洗，最后烘干。

五、结果与讨论

将试样贴在实验报告上，比较脱胶和未脱胶蚕丝织物的外观质量，说明脱胶对丝织物手感、光泽的影响。

六、任务拓展

学生选择用其他的短流程处理方式对桑蚕丝织物进行前处理，并与此次实验进行比较。

思考与练习

桑蚕丝织物皂碱精练法脱胶原理和各助剂的作用是什么？

第二节　柞蚕丝织物的前处理

学习目标

1. 了解柞蚕丝织物精练工艺。
2. 了解柞蚕丝织物漂白工艺。

柞蚕丝与桑蚕丝一样都是由丝素、丝胶组成。但柞蚕丝的丝素、丝胶的氨基酸组成和含量与桑蚕丝有较大的区别，丝胶杂质的含量与桑蚕丝也有明显差异。桑蚕丝含丝胶量为20%～30%，柞蚕丝胶只有12%左右。就非蛋白质成分而言，桑蚕丝只有2%左右，而柞蚕丝为8%以上。柞蚕丝胶与丝素难以分离，非蛋白质成分又与丝胶结合牢固，致使丝胶溶解性能降低，因此柞蚕丝精练需要在激烈的条件下进行。柞蚕丝具有天然淡黄褐色，其色素含量比桑蚕丝高，不仅存在于丝胶层，而且还牢固地结合在丝素中，难以分离去除。柞蚕丝织物精练后只能去除部分色素，其仍呈淡黄褐色。因此，柞蚕丝织物一般需要经过以氧化剂为主的漂白工序。若对白度有更高要求时，还可以在氧化漂白后再进行还原漂白或者增白。

一、柞蚕丝织物的精练

1. 工艺流程

柞蚕丝织物的精练以皂碱精练法和酶精练法两种最为常见。精练设备常用不锈钢精练槽。精练工艺流程：坯绸准备→精练（包括预处理、酶练、皂碱练和水洗）→漂白（包括氧化漂白、还原漂白）→酸洗→脱水烘干→润绸→柔软→平光等。

2. 皂碱精练法脱胶工艺

（1）工艺流程。坯绸准备→浸泡→精练→热水洗→温水洗。

（2）工艺条件

1）浸泡。碳酸钠 2 g/L，续加量 1 g/L；精练剂 1 g/L；时间 60 min；浴比 1∶(30～50)。

2）精练。精练剂 3～4 g/L，续加量 0.5～1 g/L；碳酸钠 2～2.5 g/L（pH 值 10～

11)；螯合分散剂 0.5 g/L；温度 98～100℃；时间 90～120 min；浴比 1∶(30～50)。

3）热水洗。洗涤剂根据需要酌加 1～2 g/L，温度 98～100℃，时间 40 min。

4）温水洗。若需漂白，可在 50～60℃条件下洗 15 min，将绸置入漂白槽；若为精练成品，则需进行两次温水洗，第一次为 70～80℃，第二次为 40～45℃。

3. 酶精练法脱胶工艺

（1）工艺流程。预处理→水洗→酶精练→热水洗→皂练→水洗。

（2）工艺条件

1）预处理。碳酸钠 1 g/L，渗透剂 1 g/L，温度 80～90℃，时间 60 min。

2）水洗。温度 30℃，时间 40～45 min。

3）酶精练。2709 碱性蛋白酶（4 万活力单位）2 g/L，碳酸钠 9～10 g/L（pH 值 9～11），渗透剂 0.5 g/L，温度 40～50℃，时间 60～90 min。

4）热水洗。温度 80～90℃，时间 20～30 min。

成品绸需要进行轻微皂练后脱水。若需漂白，则不要皂练，再用 50～60℃热水洗 15 min后进入漂白槽。要注意渗透剂必须选不影响酶活力的产品。

二、柞蚕丝织物的漂白

柞蚕丝织物一般使用过氧化氢漂白，漂白设备为不锈钢精练槽，常采用分阶段升温法，漂白时间较长。

1. 漂白工艺流程

漂白→热水洗→温水洗→增白→水洗。

2. 工艺条件

（1）漂白。H_2O_2（27.5%～30%）10～16 g/L，硅酸钠（35%）3～5 g/L，螯合分散剂 1 g/L，pH 值 9～11，温度 60～85℃，时间 3～12 h，浴比 1∶(30～50)。

（2）热水洗。温度 80～85℃，浴比 1∶(30～50)，次数 2～3。

（3）温水洗。温度 40～50℃，浴比 1∶(30～50)，次数 1。

（4）增白。增白剂 0.15～0.25 g/L，平平加 O 0.1～0.2 g/L，温度 70～80℃，时间 20～30 min，浴比 1∶(50～60)。

三、柞蚕丝织物练漂后处理

1. 酸洗

酸洗的目的是中和练漂水洗后的绸匹上存在的少量肥皂和碱性物质（如碳酸钠、硅酸钠等），使绸缎匹略偏酸性，手感柔软，光泽饱满，产生丝鸣，白度有所提高。酸洗可以在平幅水洗机中进行，也可以在精练槽中吊挂进行。使用的酸类以醋酸和硫酸最为常见。

工艺条件：98%硫酸 0.3～0.5 mL/L，室温，浴比 1∶(40～80)，时间 15～20 min。

2. 润绸

润绸是柞蚕丝织物练漂后处理中不可缺少的重要环节，而染色、印花绸则不需润绸。因为，经过干燥后的柞蚕丝练白绸匹往往达不到在正常天气条件下的含水量、手感和光泽较差。根据实践经验可知，在织物含湿率为18%～20%时经呢毯整理机整理后，织物变得手感柔软、光泽明亮、白度增进。为此，在上整理机整理前，特意将水洗烘干后的织物再进行均匀给湿处理——润绸。所谓润绸，是在两层需要润湿的干织物当中，在平幅状态下夹入一层含湿率为60%～70%的湿织物，自然平摊堆放5～10 min，使原来干燥的织物变湿。当含湿率达到所需要求时，即行分开，然后再堆放4～5 h，使被润湿的织物各处含湿率均匀一致。润绸后的织物经呢毯整理即得到练白成品绸。

柞蚕丝织物的前处理与桑蚕丝织物的前处理工艺主要有哪些不同之处？

第五章　化纤及其混纺织物的前处理

第一节　再生纤维素纤维织物的前处理

学习目标

1. 掌握再生纤维素纤维（粘胶纤维、天丝纤维、天然竹纤维、醋酯纤维、铜氨纤维）的前处理特点。

2. 掌握原纤化、酶处理的原理和处理工艺。

在制造过程中，化学纤维已经过洗涤、去杂甚至漂白，因此化学纤维比较洁白，无杂质。但化学纤维织物在织造过程中要上浆，且可能沾上油污，因此仍需一定程度的练漂。为了改善织物的服用性能，通常将化学纤维与天然纤维混纺，或将一种化学纤维与另一种或多种化学纤维混纺，以便相互取长补短。

一、粘胶纤维织物的前处理

1. 概述

粘胶纤维是历史最悠久的再生纤维素纤维，目前我国生产的粘胶纤维有下列几种：

（1）粘胶短纤维。它是将连续纺制成的纤维束切成一定长度而制成的。根据其切断长度，可分为棉型（切断长度 33～41 mm，纤度 1.3～1.8 dtex）、毛型（切断长度 76～150 mm，纤度 3.3～5.5 dtex）和中长纤维（切断长度为 51～65 mm，纤度 2.2～3.3 dtex）三类，它们主要用于和其他纤维混纺，如涤粘、毛粘等织物。为了提高粘胶纤维的强力和弹性，高强力、高湿模量的新型粘胶短纤维应运而生，我国叫富强纤维（简称富纤），可单独用其来纺制人造棉织物。

（2）粘胶长丝。粘胶长丝又称人造丝。无光纺、有光纺、美丽绸、人造丝软缎、人造丝双绉等属于纯人造丝织物，而富春纺、软缎被面等属于人造丝和其他纤维的交织物，如富春纺是人造丝与人造棉纱的交织物，软缎被面是真丝与人造丝的交织物。

粘胶纤维结构不均匀，存在皮芯层结构。纤维吸湿性能好，其织物遇水后明显感到变厚、变粗糙，这就是纤维的吸湿膨化现象，因此织物缩水率大。粘胶纤维的化学性质活泼，不耐酸，耐碱性也比棉纤维差，除富纤以外，均不能经受丝光处理。人造丝双绉等加强捻丝织物的绉缩效应只能在中等浓度的冷烧碱溶液中得到。

粘胶纤维具有强度低、伸长度大、弹性差的特点，特别是湿强度更低，因此粘胶纤维不耐在张力状态下加工，而且容易起皱，最好采用松式平幅加工。粘胶长丝表面光洁，抱合力差，捻度很小，加工时易擦伤，操作时必须注意。

2. 粘胶纤维织物的前处理工艺

粘胶纤维在制造过程中已经过洗涤、除杂和漂白处理，大部分杂质和色素已去除，但由于纤维中还含有纺丝成型后加上的油剂、在织造过程中上的浆料以及在练漂前织物可能沾上的污渍等，因此人造棉、人造丝织物仍需练漂，以使织物具有良好的吸水性、柔软的手感和洁白的外观，以为染、印提供优良的半制品。

人造棉、人造丝织物前处理工艺由如下几个工序组成，并有其各自的特点。

（1）前准备。人造棉织物可借用棉布的平幅连续练漂设备进行前准备。前准备应有翻布、分批、缝头、打印等。缝头时，人造棉织物的针脚可比棉布稀一点；人造丝织物可采用练桶精练，前准备有退卷、码折、钉襻、打印等。码折时，人造丝织物一般用“S”码，缎类等厚重织物也可用圈码。

（2）烧毛。人造棉织物可用气体烧毛机烧毛，但经不起强烈的摩擦，不需要毛刷和刮刀装置；因粘胶纤维吸湿性高，烧毛温度可比棉稍微高一些，车速可慢一些。人造丝织物无须烧毛。

（3）退浆。这是人造棉、人造丝织物前处理的重点。人造棉坯布织造时大多上淀粉浆料，而且酸、碱对人造棉织物的强力有影响，故多数选用淀粉酶退浆，工艺与棉织物退浆相同。人造丝织物最常用的浆料为动物胶，有的添加CMC和PVA等化学浆料，这些浆料可用碱剂或净洗剂退浆。由于人造丝织物含浆量低，退浆工序可随精练工序一并进行。如有用淀粉上浆的，也可选退浆后精练。

（4）精练。人造棉织物不需要精练。一般人造丝织物可用练桶精练，或在染色前用染色设备精练（含退浆）。

练桶精练工艺条件：纯碱1 g/L（连桶追加0.75 g/L），精练剂3～5 g/L（连桶追加1.5 g/L），35%硅酸钠0.3 g/L（连桶追加0.2 g/L），浴比1∶(30～35)，温度100℃，时间60～90 min。

精练后，织物用60℃热水或用0.3 g/L纯碱溶液在90℃以上的条件下洗涤1次，最后以冷水洗净，每道约洗1 min。

由于人造丝双绉、人造丝乔其等加强捻织物的丝线捻度大，加上粘胶纤维紧密的皮层结构，在精练前须在室温下用中等浓度的烧碱溶液松弛处理，使纤维受碱作用发生膨化，直径变粗，长度缩短，丝线在织物组织内的屈曲波高增大。丝线的加捻状况和捻向不同，会造成预期的绉、乔其效应。这一处理过程称为碱缩或称为膨化处理。膨化处理工艺条件：粘胶纤维织物用3.8%烧碱溶液（约42 g/L）在室温下处理20～30 min。膨化后的织物应立即水洗 1～2 次，以去除余碱，接着再精练。精练工艺和条件与一般人造丝织物相仿，只不过在精练液中要加入保险粉 0.25 g/L（连桶追加 0.2 g/L），其目的是破坏和去除加捻人造丝线上为区别捻向而着色的染料，并起到还原漂白的效果。

（5）漂白和增白。人造棉、人造丝织物中所含天然色素很少，人造丝织物在精练时已加入适量保险粉还原漂白，白度已基本达到要求，所以一般不另行漂白。如有特殊要求，可再漂白和增白。常用漂白剂为过氧化氢，工艺与棉织物相同。增白时，可选用与粘胶纤维有显著亲和力的增白剂，如荧光增白剂 BSL。

二、天丝织物的前处理

1. 概述

天丝（Tencel）纤维是采用全新的溶剂纺丝工艺开发生产而成的 100%纤维素纤维，由于该纤维是基于可再生的原材料制成的，而且可以完全生物降解，因此在整个纤维制造过程中无毒、无污染，对环境和人体无害，故被誉为 21 世纪绿色的环保纤维。

天丝纤维具有许多突出的优良性能，如干强接近于涤纶纤维、远大于棉纤维，是粘胶纤维的 1.6 倍；湿强降低很小，为干强的 85%～90%；吸湿性能良好，织成的织物在水中的缩水率很低，织物或成衣洗涤时具有非常好的湿稳定性。但值得注意的是，天丝制品在湿态下经机械外力摩擦作用，会产生明显的原纤化现象。天丝的原纤化，一方面给织物的生产和使用带来麻烦，使织物在染色、整理加工时易产生折皱、擦伤和刮伤等疵病，在使用过程中会起毛、起球及发生色光变化；但另一方面，原纤化可被合理利用，通过初级原纤化、酶处理和二次原纤化可产生出许多新颖独特的风格，赋予织物柔软、丰满、细腻的绒效应，如生产出桃皮绒和仿麂皮织物等。通过不同的染整工艺路线，选择合适的设备、染化料以及恰当的工艺条件，在酶处理后不进行二次原纤化，可生产出表面整洁、光滑的光洁织物。

天丝有短纤维和长丝，既可纯纺，也可与涤纶纤维、棉纤维、蚕丝、粘胶纤维等其他纤维混纺、交织。天丝纤维集棉纤维的舒适性、粘胶纤维的悬垂性、涤纶纤维的强度和真丝的手感于一身，用其制作的服装面料具有很高的附加价值，深受消费者的欢迎。制作高级服装的面料时可以使成品产生多种风格。

2. 天丝织物的前处理工艺

常见的天丝织物按成品最终风格可分为桃皮绒织物和表面整洁光滑的光洁织物两种类型。

前处理工艺路线一般为烧毛→退浆→漂白→碱处理→初级原纤化→酶处理。

（1）前处理。天丝也是再生纤维素纤维，本身含杂质和色素不多，只需要去除织造前上的浆料和织造后机织物表面上的短纤维。因此，天丝前处理的第一步就是烧毛，以去除织物表面的不规则绒毛，以免影响后序染整加工。烧毛以后进行退浆，以去除织造过程中施加的油剂、蜡质和浆料。如对织物白度有较高要求，则可在退浆的同时完成漂白。天丝纤维容易原纤化，并在润湿状态下具有较高的膨化程度，因而织物下水后会变得很硬，尤其是厚重织物会成板状。若此时操作不当，使织物产生任何折痕、擦伤，在以后的加工中都将无法弥补，因此，退浆应在平幅状态下进行。退浆应彻底，防止残留的浆料在后道加工中将短的纤毛黏附在纤维上。根据织物上浆料的种类，可选用淀粉酶退浆、氧化剂退浆或净洗剂退浆。如需漂白，则可选用碱一氧一浴法漂白退浆工艺。

天丝机织物烧毛、退浆和漂白工艺条件与棉织物、粘胶纤维织物基本相同。

天丝针织物不含浆料，练漂只为去除织造过程中施加的油剂、蜡质，参考工艺处方：30%双氧水 3～5 mL/L，三合一氧漂助剂 1～2 g/L，浴中润滑剂 1～2 g/L，浴比 1∶10。

工艺条件：温度 95℃，时间 30 min，热水洗（60℃，10 min），再冷水洗。

设备：溢流染色机。

练漂后就可以进行初级原纤化，但也有在练漂后增加一道平幅烧碱处理工艺的，其目的是用碱拆开纤维无定形区分子链间的氢键，碱甚至还可以进入结晶区边缘或部分缺陷处，使纤维充分膨化。当碱被洗除后，织物再次遇水膨润，则不会达到碱处理后的膨化度，从而使织物在后面的湿加工中僵硬程度降低，产生折痕的危险减少，而且还能提高染色性能。正因为如此，有时会采用退浆、漂白和烧碱处理三合一的冷轧堆前处理工艺。

（2）初级原纤化。初级原纤化的目的是利用天丝纤维易于原纤化的倾向，将在松弛状态下湿织物未被固定在纱线内部的短纤维末端翘起。翘起的纤维在受到更强的机械作用时，就会发生更强的纤维原纤化，由此使织物表面起毛、起球，为下一道工序（酶处理）去除这些长短不匀的绒毛创造条件。初级原纤化是整个加工过程中的重要环节，因此原纤化必须充分，如不充分，则会使成衣在洗涤过程中再次产生原纤化，出现起毛、起球等现象，严重影响成衣外观。

影响初级原纤化的因素很多，有纱线捻度、织物经纬密度、机械作用力的大小等，而染整加工方面的因素则主要有溶液 pH 值大小、处理温度的高低、处理时间的长短和浴比的大小。根据实验可知，初级原纤化时加入碱剂或对纤维有膨化作用的助剂，能增加纤维的膨化。降低浴比、升高温度、延长处理时间、加强机械摩擦等均有利于初级原纤化。为防止纤维局部过度摩擦而造成擦伤，需加入适量的润滑剂，以有效地防止折痕的产生。

选择初级原纤化的设备是很重要的。为达到揉搓的目的，织物必须采取绳状加工，而且要不断交换接触面，这样才能防止折痕的产生，使初级原纤化比较均匀。气流染色机和气流织物整理机（又叫柔软整理机）以及气流喷射染色机等都可用作初级原纤化加工设备。

初级原纤化工艺举例如下：在室温下加润滑剂 3 g/L，升温至 60℃进布，再升温至 80℃加烧碱 3 g/L（pH 值为 10～12），随后升温至 95～110℃，处理 60～90 min，然后水洗，再用醋酸中和水洗。

如果织物在前处理时已经过平幅烧碱处理，在初级原纤化时可不加烧碱。

(3) 酶处理。酶处理的目的是去除初级原纤化过程中在织物表面形成的绒毛，这一工序对桃皮绒风格和光洁风格的织物都是必要的。通过酶处理可以获得光洁的表面，改善织物手感，提高织物的悬垂性及染色性能。如果酶脱原纤处理效果不佳，则会严重影响织物的外观。

酶脱原纤处理的程度常用酶减量率（或称失重率）来表示。

$$酶减量率=\frac{无水织物酶处理前后重量之差}{酶处理前无水织物的重量}\times 100\%$$

天丝织物酶处理的酶减量率可控制在 2%～5%。

酶处理一般在染色之前进行，使用的设备与初级原纤化设备相同。

酶处理工艺举例如下：Cellusoft Plus L 2～3 g/L，pH 值 5.6～6（用醋酸调节），浴比 1∶15，温度（50±1)℃，时间 45 min。

酶处理→灭活（加热至 90℃，保温 15 min 或者加入纯碱调节 pH 值至 8.5～10，升温至 80℃，保温 10～15 min，使酶失活）→充分水洗→烘干。酶处理时，应合理选择、严格控制酶的用量、处理温度、处理时间、浴比及溶液的 pH 值等，在保证脱原纤化效果的同时要避免织物强力有较大的损伤。酶处理后，可通过加碱或升温的方法使酶失去活性，从而使酶的作用停止，防止纤毛去除不均匀或织物强力下降严重。

三、天然竹纤维的前处理

1. 概述

竹纤维是一种新型的再生纤维素纤维。截面呈扁平状，纤维内有胞腔；经等离子刻蚀后的截面并未表现出形态结构的差异，说明天然竹纤维无皮芯层结构。纤维纵向的 SEM（扫描电子显微镜）图和光学显微镜图片说明，纤维表面存在沟槽和裂缝，横向还有枝节，无天然扭曲。竹纤维的韧性和耐磨性较好，但强力较差，尤其是湿强力低，在染整加工中要特别注意减少其强力损伤。

竹纤维的性能及其纺织品的风格类似于苎麻及其纺织品。竹纤维可纯纺，也可与棉、羊毛、天丝、莫代尔、粘胶纤维、涤纶、绢丝等纤维混纺或交织，以用于生产各种规格的机织和针织面料。机织面料可用于制作夹克衫、休闲服、西装、衬衫、连衣裙、床上用品等，针织面料可用于制作内衣裤、睡衣、汗衫、T 恤、运动衫、袜子等。

2. 天然竹纤维的前处理工艺

竹纤维纺织品的染整工艺比较复杂，不同品种和风格的染整加工方法和工艺条件有所不同。一般竹纤维棉纺和麻纺产品的染整加工流程：烧毛→退浆→漂白→纤维素酶处理→丝光或碱法改性。

(1) 烧毛。竹纤维织物表面的毛羽多而密，如不烧毛或烧毛不净，既影响布面光洁，又容易在印染加工中由于绒毛黏结导致染色不匀、掉色，造成疵病，降低湿摩擦牢度，且消耗较多的染化料，因此烧毛工艺特别重要。烧毛时，要采用二正二反的方式加强烧毛，两对毛刷正反刷毛，火口上方不宜使用凉水辊，实现透烧，以保证烧毛质量。烧毛质量要求 3～4 级。

（2）退浆。竹纤维所含杂质较少，主要含有织造时上的淀粉浆料，故需要退浆。由于竹纤维不耐碱，一般采用淀粉酶冷轧堆工艺进行退浆处理。退浆液组成：淀粉酶 2 g/L，渗透剂 1～2 g/L，织物二浸二轧退浆液后在 30～35℃下堆置 8～10 h。退浆后应充分水洗，以洗去布面残留浆料。

（3）漂白。由于竹纤维表面含有微黄色素，在染浅色及鲜艳色泽前需进行漂白处理。漂白液组成：双氧水（100%）2.5～3 g/L，纯碱 3 g/L（调节 pH 值），稳定剂 4 g/L，95～98℃汽蒸 40～60 min。汽蒸后应充分水洗，使白度均匀，毛效好。

（4）纤维素酶处理。酶处理可使纤维发生部分降解，致使纤维变细，刚性降低，去除部分短小的茸毛，从而达到提高竹纤维纺织品的悬垂性、改善手感和刺痒感、提高织物服用性能的目的。在制定酶处理工艺时，为保证织物强力不过度降低，必须掌握好酶制剂的活力和用量、酶处理时间等，并及时使酶失活。

（5）丝光。丝光可提高竹纤维纺织品的光泽、对染料的吸附性能、染色产品的色泽鲜艳度、悬垂性、柔软性、服用性能等，尤其是丝光后纤维的可染性有了较大幅度提高，这对可染性和染深性欠佳的竹纤维的染色是十分有利的。如果采用半丝光工艺，烧碱浓度为 160～180 g/L，这样既可保证织物丝光后的染色性能，又可保证织物的强力保留率。

四、醋酯纤维的前处理

醋酯纤维又叫醋酸纤维，1904 年德国 Bayor 公司发明了干法纺制醋酸纤维素酯纤维。醋酯纤维具有手感柔软、光泽柔和典雅、悬垂性好、有一定的吸湿性、类似真丝，以及合成纤维硬挺、平滑、防霉防蛀等特性。由于醋酯纤维的光泽、相对密度更接近真丝，其在手感、弹性、湿态强度等性能上比粘胶纤维好，故常用于织制里子绸、贴身内衣料、丝绒等织物。醋酯短纤维可与棉、毛或合成纤维混纺制成各种织物。醋酯纤维由于乙酰化的不同程度分为二醋酯纤维和三醋酯纤维两种。

醋酯纤维是以纤维素与醋酸酐等为原料，经一系列化学加工而制成的可用于纺纱织造的纤维，它以纤维素为基本骨架，具备纤维素纤维的基本特征。醋酯纤维的性能与再生纤维素纤维（粘胶纤维、铜氨纤维）有所不同，具有合成纤维某些特性。

醋酯纤维的干态耐磨性比粘胶纤维差，织制过程应防止长时间拉伸变形。醋酯纤维是热塑性纤维，所以这类织物干态加热时，当温度升到 80℃，醋酯纤维的强力明显下降；超过 80℃时强力下降更快；加热至 150℃处理 5 h 后，醋酯纤维就变为淡黄色；加热至 230℃时醋酯纤维开始熔融。醋酯纤维吸收水分后的膨胀度很小，织物表面污物不易渗透，故比较容易清洗，织物的缩水率也很小。常温下湿态强度为干态强度的 70%。浸渍水温升高，纤维强度跟着下降；醋酯纤维的湿态伸长率约为 40%，如水温升高，则伸长率更大。在染整加工中应避免在 85℃以上长时间处理。

醋酯纤维能溶于浓硫酸、浓盐酸、浓硝酸中。10%的硫酸或盐酸对三醋酯纤维无影响。5%的硫酸、甲酸或醋酸在 80℃条件下对二醋酯纤维处理 60 min，纤维的光泽、强度和伸长度等均无变化。但微量的硫酸长期残留在织物上，将使织物强力下降。醋酯纤维由于酯键不耐碱，遇强碱会发生皂化水解。二醋酯纤维对碱很敏感，极易皂化水解，而三醋酯纤维能抵抗弱碱，2%的烧碱对它的强力无影响，在制定精练工艺时要考虑上述情况。

五、铜氨纤维的前处理

铜氨纤维属于再生纤维素纤维，它的形成过程如下：将棉短绒等天然纤维素原料溶解在氢氧化铜或碱性铜盐的浓氨溶液中，配成纺丝溶液，经过滤和脱泡后，在水或稀碱溶液的纺丝浴中凝固成形，再在含2%～3%硫酸溶液的第二浴液中使铜氨纤维素分子化合物发生分解而再生出纤维素。生成的水合纤维素纤维经水洗涤，再用稀酸液处理除去铜的残留，此后再经洗涤上油并干燥而形成。其废弃物容易分解，符合生态环保要求。

铜氨纤维具有透气性好、清爽、抗静电、悬垂性佳四大特征，具体特点如下：纤维截面近似圆形，强度高，颜色洁白，光泽柔和悦目，手感柔软；表面多孔，没有皮层，所以有优越的染色性能，吸湿、吸水；纤维密度较真丝、涤纶的大，因此极具悬垂感；回潮率较高，仅次于羊毛，与丝相等，而高于棉及其他化纤，因而吸湿效率高，使穿着更具舒适感。

铜氨纤维杂质较少，仅含有丝油剂。为使铜氨面料手感蓬松、柔软，同时去除纤维纺纱和织造时上的油剂和运输过程中的沾污，使面料具有良好的白度和渗透性，可采用碱处理。选用 Thies 溢流机进行松式加工，能减少生产过程中对织物的拉伸，避免因张力大造成断布，保证成品缩水率达到预定目标。

铜氨纤维遇水易溶胀，布面变硬，为防止擦伤，进布前水温应加热至50℃，同时加入润滑剂。铜氨纤维耐碱性差，在强碱液中处理对纤维有损害，甚至会溶解。因此，碱处理时烧碱质量浓度的控制十分重要。表5—1—1为烧碱质量浓度对织物性能的影响。

表5—1—1　烧碱质量浓度对织物性能的影响

烧碱（g/L）	布面效果	手感强力损失（%）
5	光亮滑腻	4.8
10	光亮较柔软	8.7
15	柔和光泽、柔软绒感	13.8
20	柔和光泽、柔软绒感	20.2
25	无光泽、柔糯感	25.8

注：碱处理温度80℃，时间30 min。

碱处理时既要使织物蓬松柔软，又要避免过度损伤纤维。根据表5—1—1实验结果，综合考虑布面效果、手感和强力损失，建议采用15 g/L烧碱，在80℃下处理30 min。碱处理后，织物出缸速度要慢，防止织物与缸壁摩擦造成擦伤或皱条。脱水后，则采用松式烘干。

思考与练习

1. 人造棉、人造丝织物的前处理工艺有哪些特点？
2. 试述天丝纤维前处理的加工特点。
3. 天丝纤维初级原纤化的目的是什么？影响初级原纤化的因素有哪些？初级原纤化的工艺是什么？
4. 天丝纤维前处理中酶处理的目的及工艺是什么？
5. 天然竹纤维结构特点有哪些？其前处理工艺是什么？

第二节　合成纤维织物的前处理

学习目标

1. 能根据产品特点制定合成纤维织物的前处理工艺。
2. 熟悉涤纶织物的前处理。
3. 熟悉腈纶织物的前处理。
4. 熟悉锦纶织物的前处理。

合成纤维在纺织纤维中占有很重要的地位，与天然纤维相比，这些普通合成纤维虽然在吸湿性、耐热性、导电性、手感等方面还存在着一定的缺陷，但它们却具有某些独特的、天然纤维所难以比拟的性能，例如强度高、光泽好、耐用、化学稳定性高、耐霉蛀等。

随着仿真技术的发展，为了克服普通合成纤维的某些弱点，使纤维在整体上接近真丝绸，并赋予纤维蚕丝般的纤细感及丰满柔和的风格，通过运用高分子化学改性的最新技术和合成纤维加工的高新技术，开发了细纤维和超细纤维。

一般合成纤维的纤度在 2 dtex 以上，我国把 0.9～1.4 dtex 的纤维称为细旦丝，0.55～1.1 dtex 称为微细旦丝，而 0.55 dtex 以下的纤维称超细旦丝。同时，为了使纤维既具有蓬松性和柔软感，又富有自然层次的外观风格，各种功能性新型合成纤维被开发出来。例如，在热处理条件下具有不同收缩率的异收缩纤维，可使织物热收缩后更柔和、滑爽和细腻；通过添加无机物共混纺丝可使织物具有超悬垂性；采用多重混纤、复合、高功能性加工技术可使织物具有干燥感、清凉感、吸水性、抗静电性、抗菌除臭等性能。新合纤就是通过聚合物的化学和物理改性，并运用纺丝和后加工新技术所得到的新型纤维。利用新合纤通过织造、染整深加工所得到的高性能织物称为新合纤织物。

合成纤维本身不含天然杂质，其前处理工艺不像棉织物的那么复杂，但织物上有纺丝油剂等一些人为杂质，例如在纤维制造和纺纱织造过程中施加的油剂和浆料、为了识别品种和分批用的着色染料、在运输和储存过程中沾染的油迹和尘埃等。

一、常见合成纤维制品的前处理工艺

涤纶等合成纤维织物上的浆料和油剂等杂质会阻碍碱减量、染色、印花和后整理等加工，造成减量不匀和减量效果降低、染色不匀或产生色点、染斑和色花等疵病。因此，合成纤维织物的第一道湿处理就是以去除这些杂质为目的的退浆和精练。合成纤维织物的退浆是去除织物上的合成浆料（包括聚丙烯酸酯、PVA 和 CMC 等），精练主要是为了去除织物上的纺丝油剂和剩余的其他杂质。所以，退浆和精练的特点是，任务轻，条件温和，工艺简单。一般可将退浆和精练合并为一个工序，松弛加工是将纤维纺丝、加捻织造时产生的内应力消除，从而形成绉效应。预定形则利用合成纤维的热塑性，消除织物中的内应力和预缩时产生的皱痕，提高织物的尺寸热稳定性，以利于后续加工的顺利进行。

常用合成纤维有涤纶、腈纶、锦纶、氨纶等，前处理加工基本工艺流程如下：

1. 涤纶仿真丝、仿麻类产品前处理工艺

由于涤纶仿真丝、仿麻产品的品种众多，风格各异，原料差异和织造加工差异较大，因而染整加工过程也有区别。

（1）缎类织物前处理工艺。这类织物要求组织紧、轻薄、光泽好、绸面挺、色泽匀、手感柔而不烂，所以，染整加工时不需起皱和减量，但需预定形以提高其色泽均匀性，故其前处理加工过程：坯布准备→精练→烘干→预热定形。

（2）乔其类和强捻类织物前处理工艺。此类织物具有明显的绉或乔其效应，且加捻后手感粗糙，强捻类产品增加了悬垂性，故其加工过程中需起绉、松弛、减量，并加预定形处理，以保证织物风格及色泽均匀。这类织物的前处理加工基本过程：坯布准备→精练、松弛→脱水→开幅→烘燥→预定形→碱减量→水洗→烘干。

此工艺特点是加工中尽可能使织物保持松弛状态，以利其充分收缩。

超细复合丝作原料的强捻类织物的前处理加工过程：坯布准备→精练、松弛→（预定形→碱减量→皂洗）→开纤→水洗→松烘→定形。

（3）桃皮绒类产品前处理工艺

中浅色：坯布准备→精练、松弛→（预定形→碱减量→皂洗）→（开纤→水洗）→松烘→定形。

深色：坯布准备→精练、松弛→（预定形→碱减量→皂洗）→（开纤）→柔软烘干→（预定形）→磨纱→砂洗→松烘→定形。

超细复合丝采用开纤工序，细旦丝等采用碱减量工艺。

（4）麂皮绒类产品前处理工艺。坯布准备→精练、松弛→预定形→起毛→剪毛。

2. 仿毛类产品前处理工艺

常用的仿毛类产品主要有涤纶仿毛、阳离子可染涤纶仿毛及中长仿毛三类，中长仿毛产品多为混纺织物如涤粘中长仿毛。

涤纶仿毛织物前处理加工工艺流程：坯布→洗缩→烘干→预定形→碱减量→皂洗→

松烘→定形。

阳离子可染涤纶仿毛织物前处理加工工艺过程：坯布准备→洗呢→松烘→定形。

从涤纶产品的前处理工艺过程中不难发现，涤纶前处理工艺不外乎退浆精练、松弛、起绉、碱减量、预定形等几步。

二、涤纶织物的前处理

1. 涤纶产品常用浆料及性能

为减少在织造时产生的强力低、静电大、易起毛、易成球等质量问题，往往对涤纶的经丝进行上油处理。可采用单独上油工艺，也可将其与上浆同时进行。若经丝单独上油，则主要采用矿物油、酯化油和非离子型表面活性剂。若上油与上浆同时进行，则一般采用浆料、矿物油、酯化油、蜡质和非离子型表面活性剂等。

目前涤纶上浆用浆料品种很多，工业上基本采用合成浆料。涤纶常用的浆料是聚丙烯酸酯，由于浆料含有酯基（—COOR），与含有同样基团的涤纶分子在结构上有一定的相似性，因此对涤纶具有较强的亲和力。

2. 退浆精练方法及工艺

涤纶本身不含有杂质，只是在合成过程中存在少量（约3%以下）的低聚物，所以不需要像棉纤维那样进行强烈的前处理。退浆精练工序的主要目的是除去纤维制造时加入的油剂和织造时加入的浆料、着色染料及运输和储存过程中沾染的油迹和尘埃，所以退浆精练具有任务轻、条件温和、工艺简单等特点。然而，涤纶织物退浆不净或不退浆则会导致碱减量溶液组分不稳定、pH值难以控制、减量效果降低，从而造成减量不匀、染色不匀或出现色点、色花等疵病。去尽这些杂质才能保证后道工序的顺利进行。由于纤维表面积的增大，超细涤纶及异形涤纶丝的高密度织物的纺丝中吸附油剂量大，上浆时吸附浆料多，增加了退浆精练的难度。

根据织物上浆料的种类选择不同的退浆剂和工艺是退浆精练工序的关键。常用的退浆剂是氢氧化钠或纯碱，在碱剂的作用下丙烯酸酯类浆料成为可溶性的丙烯酸酯钠盐而溶解去除。而对PVA或CMC类浆料，热碱可增加浆料的膨化，从而使浆料与纤维之间作用力降低，在机械力的作用下，浆料易脱离纤维；另一方面，碱也能增加浆料的溶解度。碱还能使部分油剂如酯化油、高级脂肪酸酯等皂化成为水溶性物质而去除。

一般情况下，聚酯浆料退浆时的pH值控制在8，聚丙烯酸酯浆料退浆时的pH值为8～8.5，聚乙烯醇浆料退浆时的pH值为6.5～7，而喷水织机织造的织物需用烧碱退浆。

去除纤维或织物上的油剂、油污，及为了上浆和织造高速化而加的乳化石蜡与平滑剂，需采用高效去油精练，通过它们的润湿、渗透、乳化、分散、增溶、洗涤等作用，将油剂和油污从纤维和织物上除去。除此之外，为避免金属离子与浆料、油剂等结合形成不溶性物质，精练时加入螯合分散剂也是必要的。如果加入过氧化物，则在退浆精练过程中有助于合成浆料聚合物的氧化和脱落。

常用的退浆精练工艺有以下几种：

（1）精练槽间歇式退浆精练工艺。一般的涤纶长丝织物或仿丝织物，若采用精练槽退浆精练，则可用纯碱 3～4 g/L，净洗剂 2 g/L，保险粉 0.5 g/L，浴比为 1∶(30～40)，98～100℃处理 30～40 min；续缸时上述化学品分别加 2 g/L、1 g/L 和 0.5 g/L。工艺流程：精练→热水洗→酸洗→冷水洗→脱水→烘干。

若坯布有较多铁渍，则可在退浆精练前先用草酸处理（草酸 0.2 g/L，平平加 O 2 g/L，70～75℃处理 15 min），然后加 0.5 g/L 纯碱中和，40～45℃处理 10 min，再退浆精练。

上述工艺较为简单，但退浆精练效果不是最理想的。若用具有良好性能的精练剂来代替传统的纯碱、保险粉及洗涤剂，则精练效果有所改善。

（2）喷射溢流染色机退浆精练工艺。喷射溢流染色机上退浆精练是目前国内常用的工艺。

最简单的如涤双绉精练工艺：净洗剂 0.25 g/L，纯碱 2 g/L，30%（36°Bé）烧碱 2 g/L，保险粉 1 g/L，浴比 1∶10，80℃处理 20 min，或用去油剂中性去油也能达到目的。高性能的精练剂也是目前常用的，如汽巴公司的 Ultravon GP/GPN 1～2 mL/L、Invadin NF 1～3 mL/L、Irgalen PS 0.5～1 mL/L，用 NaOH 调节 pH 值至 10～11，在喷射溢流染色机中于 90℃处理 20～30 min，而后温水洗 5 min，40℃水洗 10 min。

随精练剂浓度的增加，织物上残脂率降低，此种工艺的精练效果增加。精练剂用量与织物吸附油率相近时，效果最为理想。

精练剂性能不同，因而温度、浴比和时间对精练效果的影响是有差异的。从产品加工的重现性考虑，希望上述条件对精练的敏感程度低些，这样，在温度、浴比及处理时间等因素发生一定程度的变化或偏差时，不至于更多地影响处理效果。因此，选择的精练剂应具有更大的安全系数或对外界条件敏感性最低。

（3）连续式松式平幅水洗机精练工艺。此工艺特点如下：

1）连续式，加工效率高，便于连续化生产。

2）平幅状态加工。

3）松式，张力较小，能使织物在退浆精练过程中得到充分的收缩。

紧密强捻类厚重织物在处理时的收缩率大，故易产生收缩不匀，造成皱印。该类设备对上浆多的织物往往不能充分退浆和精练，需要堆置后进行第二次精练。另外，此工艺是在常温常压下进行的，故对于要求高温高压加工的织物不太适宜。

该类设备可用 Ultravon GP 1～2 g/L、纯碱 1 g/L 于 40℃浸轧（轧余率 70%），并在 80～90℃汽蒸 60 s，可分别用 80℃、60℃和 40℃热水洗，冷水洗并烘干。在平幅松式精练机中退浆精练流程：先用 30%（36°Bé）NaOH 4 g/L，净洗剂 2 g/L，磷酸三钠 0.5～1 g/L，渗透剂 0.5 g/L，于 70～75℃预浸渍，然后用 30%（36°Bé）NaOH 4 g/L、渗透剂 0.5 g/L 煮练（98℃，36 s），采用振荡水洗（第一、第二槽 70～80℃，第三槽室温），真空吸水并烘干。

在退浆精练过程中，后水洗同样是十分重要的，所以要采用各种能提高水洗效果的装置和方法。

3. 松弛加工

涤纶长丝织物（包括仿真织物）均要求松弛加工，以提高产品的质量、改善织物风格。大部分产品实际上在松式的退浆精练中都能完成松弛收缩，但超细纤维品种的退浆精练与松弛是必须分开进行的。

（1）加工原理。松弛加工充分松弛收缩是涤纶仿真丝绸获取优良风格的关键。

在纺丝、捻丝及织造过程中，纤维均产生一定的扭力和内应力，尤其是强捻织物。丝线一经加捻，纤维的高分子链沿加捻方向扭曲，但此时纤维高分子链排列未遭破坏，从而使丝线内部产生回复的扭力。为便于织造，需让加捻丝在加捻的状态下固定下来，而印染加工中，则必须将这些扭力释放出来，这样会产生绉效应及提高织物手感和丰满度。

织物绉效应产生的原因是，在高温水介质、助剂和机械搓揉等作用下，使织物加捻纬丝内部的扭力和内应力在无张力状态下得以松弛释放，纬丝发生充分的收缩，并沿纬向呈现不规则的波浪形屈曲，沿经向呈现规则的波浪形屈曲，最终在绸面上形成凹凸不平的屈曲效应。

（2）加工工艺的控制。织物在松弛状态下热处理时，随着温度的升高，纤维大分子运动性能增加，促进了内应力的释放。但过于激烈的升温，会使处于绳状状态的织物收缩不匀而产生皱印，并且随温度升高，这些皱印最终会被固定而造成次品。因此，在松弛处理时须严格控制升温速率，从低温开始慢慢升温，尤其对细旦涤纶丝及异形和异收缩丝更应如此。细旦涤纶丝与普通涤纶丝织物松弛加工的升温曲线如图 5—2—1 所示。

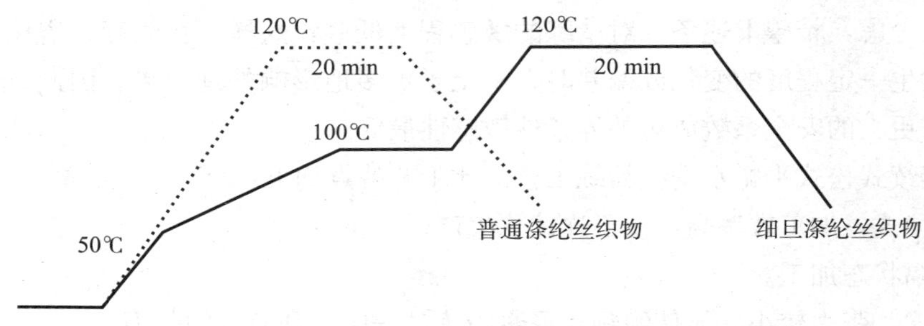

图 5—2—1　细旦涤纶丝与普通涤纶丝织物松弛工艺曲线

（3）松弛加工的设备和工艺。松弛加工必须在无张力、全松弛状态下进行，因此对加工设备有一定要求。不同的松弛加工设备有不同的松弛工艺，常用的合成纤维松弛设备及工艺有以下几种：

1）平幅松式连续精练机。退浆、精练及松弛可以在平幅松式连续精练机上同步进行，加工工艺一般为，织物在 40℃浸轧由 0.5～1 g/L 润湿渗透剂、1～3 g/L 精练剂和一定量纯碱（根据不同浆料调节 pH 值）组成的工作液，于 80～90℃汽蒸 60 s，然后分别经过热水冲洗和冷水冲洗等工序。考虑到退浆难度，可先使浆料充分膨化，并增加预浸轧堆放工序，浸轧退浆液后，在室温下堆放 16～24 h，再进行洗涤。

2）喷射溢流染色机。喷射溢流染色机是国内进行退浆、精练、松弛处理最广泛使用的设备。运用该设备加工时，织物的张力、摩擦和堆置与浴比、布速有很大的关系，而松弛处理的产品质量与上述因素密切相关，除合理控制升降温速率外，还要选择合理的浴比和布速。涤纶仿真丝织物松弛精练时，布速不宜太高，一般以 200～300 m/min 为宜。浴比需根据设备及织物特性而定。超细纤维织物纤维表面积大，单纤细，其浴比应大于普通丝织物，布速慢于普通丝织物。

高温高压喷射溢流染色机精练松弛起绉工艺以涤双绉仿丝织物工艺处方为例：30%（36°Bé）NaOH 4%，Na_3PO_4 0.5%，去油剂 x，浴比（10∶1）～（12∶1），布速 300 m/min。升温曲线如图 5—2—2 所示。

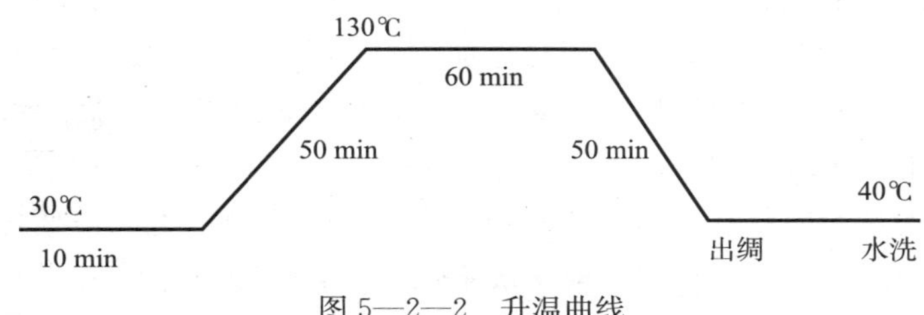

图 5—2—2　升温曲线

织物在进出布及循环运动中，不能完全消除张力，况且升降温较慢，高温时间较长，织物不能充分松弛收缩，所以产品收缩率不是很高，手感及丰满度受到影响。绳状加工处理不当时，易产生皱印，尤其对厚重强捻织物来说更是这样。

3）高温高压转笼式水洗机。高温高压转笼式水洗机是精练松弛解捻处理最理想的设备，织物平放于此设备的转笼中松弛处理，织物的缩率可达 12%～18%，强捻类织物可达 20%，使织物手感丰满度及其风格更为理想。这是其他机械所不能达到的，但此设备具有操作烦琐、劳动强度大、加工批量小、周期长等特点，操作处理不当可能造成折皱和起绉不匀、边疵等疵病。

涤双绉仿真丝织物使用高温高压转笼式水洗机进行松弛解捻起绉的工艺条件：浴比 10∶1～15∶1，温度 135℃，时间 30～40 min，缸体转速 5～20 r/min。若精练起绉一浴，则精练液一般为，含 30%（36°Bé）NaOH 2～5 g/L，络合软水剂 0.1～0.5 g/L，H_2O_2 1～2 g/L，润湿渗透剂、低泡助练剂 0.5～1 g/L 及少量除斑剂（对含浆及杂质高的织物）。

用喷射溢流染色机与高温高压转笼式水洗机处理织物的松弛起绉效果差异明显，两者效果对比见表 5—2—1。

表 5—2—1　　两种设备处理效果对比

设备	缩率（%）		绉效应评定
	经向	纬向	
高温高压转笼式水洗机	15.4	14.6	绉效应明显，绉细腻均匀
喷射溢流染色机	14.3	12.7	绉效应较差

平幅松式连续精练设备的松弛加工效果均匀、产量高，但一次性投资大和能耗高，后水洗部分仍有一定张力，不适用于强捻织物。喷射溢流染色机的特点是通用性强但多少也有些张力，松弛效果不如高温高压转笼水洗机，且绳状下松弛精练易造成折皱印。高温高压转笼式水洗机为全松式加工设备，处理效果特别好，但加工织物需圈码钉线，操作烦琐。

4. 预定形

预定形的主要目的是消除前处理过程中产生的折皱及松弛退捻处理中形成的一些月牙边，稳定后续加工中的伸缩变化，改善涤纶大分子非结晶区分子结构排列的均匀度，减少结晶缺陷，增加结晶度，使后续的碱减量均匀性得以提高。

松弛收缩处理后的织物经干热预定形后，织物的风格受到影响。因为要消除折皱、提高分子结构排列的均匀度，必定对织物施加张力，而张力的增加会使绉效应降低、活络度降低，以及使柔软度、回弹性、丰满度等一系列性能恶化。虽然定形时张力作用会降低绉效应，但能改善减量的均匀性和尺寸的稳定性。

预定形时可通过经向超喂来弥补纬向张力增加所引起的织物风格变化。松弛后应尽量避免加工中张力过大，所以预定形前一般不烘燥。若烘燥也应采用松式烘燥设备。

预定形工艺应根据不同织物特点，从组织规格、密度、捻度和原料种类等方面来确定适宜的工艺条件。预定形一般采用干热定形工艺，设备以针铗链式热定形机为好，可控制缩水率。经、纬向拉力要小，经向尽量超喂，以保证织物充分蓬松。

预定形温度一般控制在180～190℃。若预定形温度过低，则布面皱痕不易去尽，织物抗皱性较差，易产生染色疵点，严重时门幅稳定性不够，会影响成品的手感和风格。若预定形温度过高，则布面发硬，增加以后减量的难度。预定形时间一般为30～60 s，若织物厚度和含湿率增加，则时间可适当延长。若定形时间过长，则减量率相应降低，虽有利于减量均匀，但生产效率相应降低。预定形车速为40 m/min，经向超喂1%左右。

5. 涤纶织物的碱减量处理工艺

（1）碱减量加工原理。涤纶织物具有强度高、弹性好、耐磨和实用性好等优点，但它的吸湿性及服用性能较差。不论是普通涤纶还是超细涤纶织物，只要加工涤纶仿真丝织物，都要进行碱减量处理。处理后的纤维的特点是光泽柔和、手感柔软、吸湿性有所提高。

碱减量是在高温和较浓的烧碱液中处理涤纶织物的过程，涤纶表面被碱刻蚀后，其质量减轻，纤维直径变细，表面形成凹坑，纤维的剪切强度下降，消除了涤纶丝的极光，并增加了织物交织点的空隙，使得织物具有手感柔软、光泽柔和、吸湿排汗性改善、蚕丝一般的风格等特点，故碱减量处理也称为仿真丝绸整理。在扫描电子显微镜上观察证明，涤纶纤维经碱减量处理后，纤维表面失去了原来的光滑性，出现了挖蚀的斑痕，随着减量率的提高，纤维表面的挖蚀斑痕逐渐由表及里，挖蚀的深度和宽度也随之增加，甚至在纤维内部的某些薄弱环节处出现了局部龟裂现象。不同减量率处理后涤纶纤维的电镜照片如图5—2—3所示。

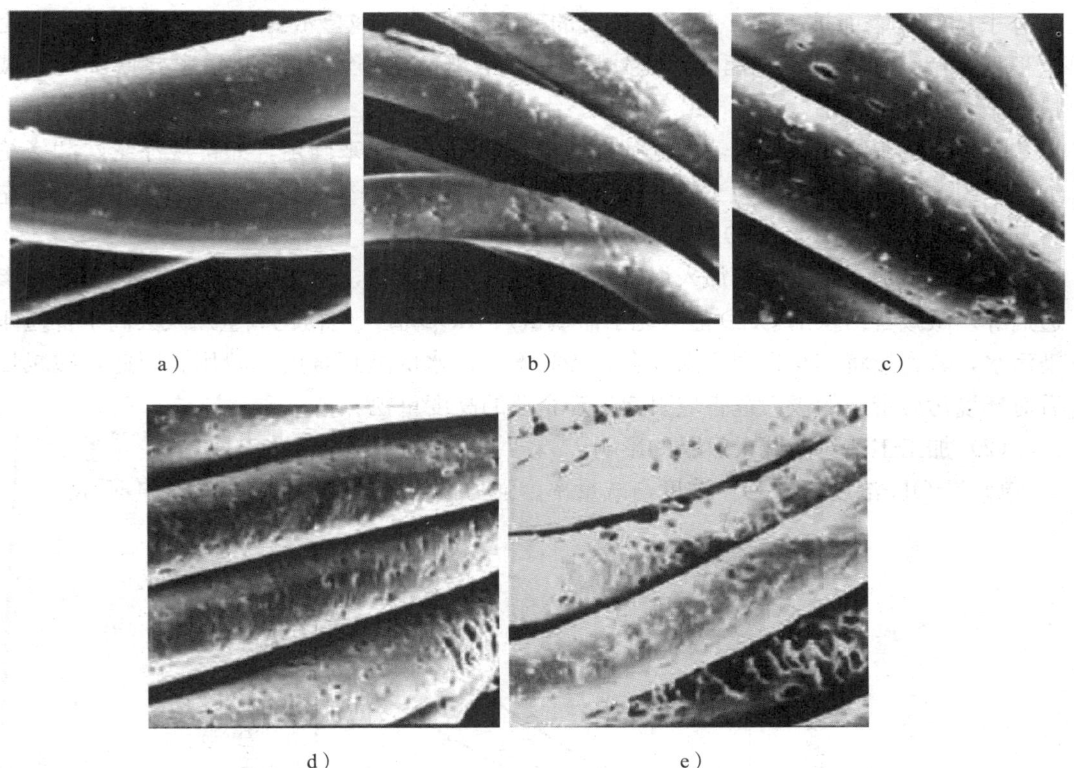

图 5—2—3　不同减量率处理后涤纶纤维的电镜照片

a）预处理　b）减量率 11.7%　c）减量率 18.2%　d）减量率 27%　e）减量率 38.3%

涤纶分子是由对苯二甲酸与乙二酯聚合而成，因而分子中存在着大量的酯键。酯键能在碱的作用下发生水解作用而断裂。由于碱减量处理后，纤维表面发生剥蚀，从而使纤维变细、质量减轻。碱处理使纤维质量减少的比率称为减量率，其化学反应式表示如下：

$$HO\left[\underset{\underset{O}{\|}}{C}-C_6H_4-\underset{\underset{O}{\|}}{C}-O-CH_2CH_2O\right]_nH + 2n\,NaOH \longrightarrow n\,NaOOC-C_6H_4-COONa + n\,HOCH_2CH_2OH$$

由于涤纶碱减量处理后，纤维表面发生剥蚀，从而使纤维变细、质量减轻。碱减量处理使纤维质量减少的比率称为减量率，其公式表示如下：

$$减量率=\frac{碱处理前织物质量-碱处理后织物质量}{碱处理前织物质量}\times 100\%$$

理论减量率可通过涤纶与碱的反应方程求得，但它与实际减量率有差异。

从理论上讲，聚酯与烧碱的水解反应中，1 mol 聚酯单元要消耗 2 mol 的烧碱，即每 192 g 涤纶水解反应要消耗 80 g 烧碱。式中涤纶减量率与烧碱用量之间的关系计算是根据在完全水解反应的情况下计算的。实际上，由于结构紧密且具有疏水性，只有在较剧烈的反应条件下（加热和使用较高的碱浓度等），涤纶才会逐渐分解成对苯二甲酸和乙二醇小分子，从而产生剥离。又由于纤维表面的不规则性，在剥离过程中不仅是单分子从纤维表面被去除，而且有较大的碎片被成片剥离，故涤纶织物减量率并不完全根据水解反应式计算。因此，受外界条件的影响，涤纶的实际减量率要低于理论减量率。

各种涤纶织物的减量率需根据其织物本身情况及用途来确定。如常规涤纶丝和涤纶细旦丝织物的减量率一般为12%～20%，绉类织物为20%～25%，缎类织物为18%左右，乔其类织物为16%～20%。

在碱减量加工时，除了加入烧碱外，为提高处理效果，还要使用碱促进剂和耐碱渗透剂等。碱减量污水的COD值（化学需氧量）、BOD值（生物耗氧量）大大高于普通印染污水，若直接将其与生产污水混合，势必增大污水的处理难度和费用。因此，碱减量后对环境污染带来的极大危害应引起生产企业的高度重视。

（2）加工工艺对碱减量效果的影响

1）NaOH 浓度。NaOH 浓度与减量率、强力损伤率的关系如图 5—2—4 所示。

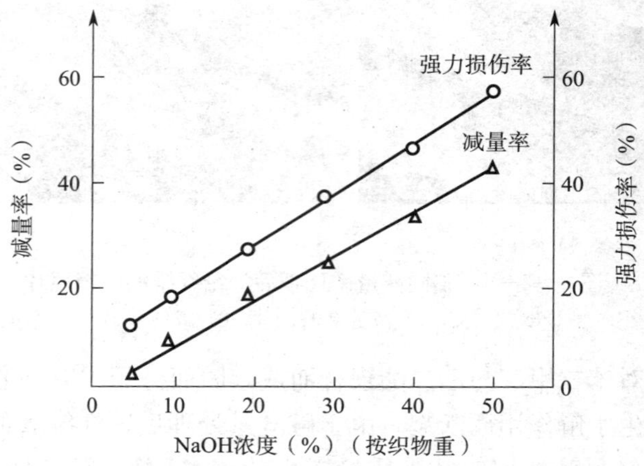

图 5—2—4　NaOH 浓度与减量率、强力损伤率的关系

（温度 100℃，时间 60 min，浴比 1∶50）

图 5—2—4 表明，随着碱浓度增大、减量率增加，强力损伤率也随着碱浓度的增大而增加，虽然减量率随之提高，但其氢氧化钠的利用率逐步降低，故涤纶的实际减量率要低于理论减量率。

2）促进剂。为提高碱对涤纶的水解效率，提高碱利用率，往往在处理浴中加入水解促进剂，以加快碱对涤纶分子的水解反应。

阳离子表面活性剂对涤纶碱水解有促进作用。常用的促进剂为季铵盐阳离子表面活性剂和阳离子聚合物两大类，如促进剂 1227 和 1631 属于季铵盐阳离子表面活性剂，聚二甲基二烯丙基氯化铵属于阳离子聚合物。这些促进剂会首先吸附在纤维表面，使其呈正电性，然后吸引溶液中的 OH^- 到纤维上，促使 OH^- 更容易进攻聚酯分子，从而加快完成水解反应。

不同促进剂及促进剂用量的影响如图 5—2—5 所示。

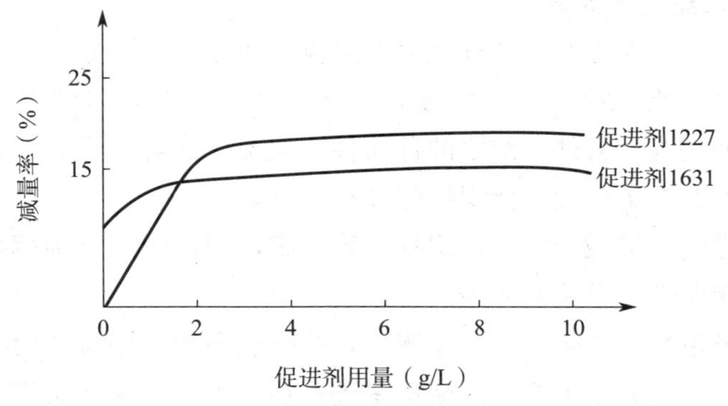

图 5—2—5　促进剂用量和减量率的关系

为了促进碱剂对涤纶织物的水解作用，往往要加入减量促进剂。

3）温度和时间。如图 5—2—6 所示，随温度升高，减量率提高明显。温度对减量率影响很大，因而必须严格控制温度，否则极易产生减量不匀。

随处理时间的增加，减量率提高。处理后期，减量率变化减小，其主要原因是涤纶水解产物增多，促使碱液黏度增大，降低了 OH^- 扩散速度，导致反应速度减慢，减量率降低。故工厂一般在保证生产效率的前提下，采用较低温度、较浓碱液和较长时间的减量处理工艺。

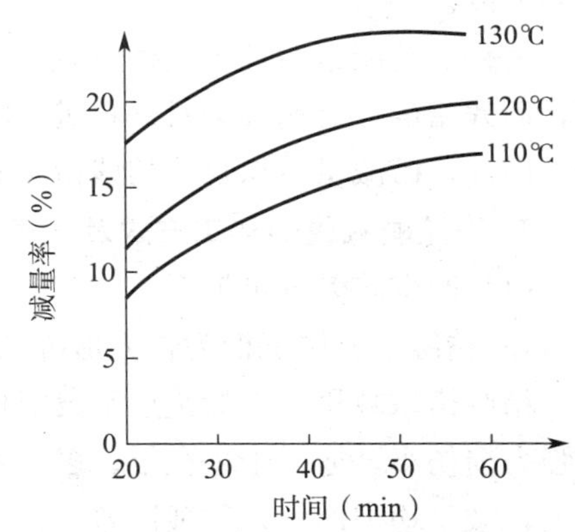

图 5—2—6　不同温度、时间与减量率的关系

4）浴比。在烧碱和促进剂浓度以织物的量计算时，随着浴比的减小，碱减量率提高，但是容易产生减量不匀。一般要根据加工条件来选择适当的浴比。

碱减量加工的浴比还与设备有关，一般精练槽浴比控制在 1∶(30～50)，溢流染色机控制在 1∶(10～12)，喷射染色机浴比控制在 1∶(6～8)。

5）纤维形态及结构。由于碱减量反应是多相水解反应，聚酯纤维又是疏水性纤维，氢氧化钠水溶液难以扩散到纤维内部，反应主要集中在纤维表面。因此，反应速率和纤维的线密度关系密切，纤维越细，比表面积越大，反应越快。另外，反应还与纤维的截面形状和表面结构特征有关。一般来说，具有高度光泽的圆断面纤维比消光、多叶形等异形断面的纤维更耐碱的作用，变形丝纤维的反应速率比普通长丝纤维快。与常规纤维相比，新合纤的表面结构互不相同，也不够规则，所以新合纤的碱减量反应速率比常规纤维快得多，但反应均匀性较差。同时，新合纤中各组分的水解速度是不同的，某些组分减量速度往往特别快，纤维强力降低特别大。例如，皮芯结构的异收缩混纤纱的芯和皮具有不同的组分，减量率相差可达几倍。因此，要根据原料特性选择合适的减量方法。

6. 碱减量对涤纶性能的影响

经碱减量加工后，涤沦织物的性能会发生很大变化。

（1）织物力学性能。随减量率的提高，纤维变细，吸湿回潮率提高，断裂强度降低，杨氏模量有所提高。另外，织物的蓬松性、爽挺性、悬垂性、丰满度、柔软度和粗糙度均有增加，尤其是柔软度，而织物弹性有所下降。

（2）织物空隙率。经碱减量后，织物纤维变细，因而织物空隙率提高，从而改善了织物的透气性、吸湿性、手感和光泽。

（3）纤维的染色性能。随着减量率增大，纤维表面形成凹坑，使染料溶液与纤维之间的接触面积增加，上染率提高；若减量率进一步增加，尽管上染率会提高，但视感颜色却变浅。这是由于减量增加后纤维变细，单位质量的表面增大，凹凸表面使光发生漫反射所致。

另外，若减量后纤维上残留碱，会使分散染料（特别是偶氮类染料）水解和还原分解，而残留的促进剂等会对染料进行吸附，从而妨碍染料的上染和发色，造成色牢度下降。因此，碱减量后织物上的残留物必须洗净。

7. 涤纶碱减量的加工方式及设备

（1）间歇式碱减量加工

1）精练槽。精练槽为长方形练桶，生产时一般以五只练桶为一组。

精练槽碱减量加工的优点是投资低，产量高，成本低，张力小，减量率易控制，纤维强力损伤小，适宜于小批量、多品种的生产。但缺点是劳动强度大，各工艺参数随机性大，减量均匀性差，重现性差。

精练槽碱减量的工艺流程：坯绸准备→精练→预热定形→S码或圈码→钉襻→浸渍碱减量处理（95～98℃）→80℃热水洗→60℃热水洗→冷水洗→酸中和→水洗→脱水→烘干。

碱减量的工艺处方：浴比不小于1∶25，30%NaOH 6～10 g/L，促进剂0.5～1.5 g/L，时间控制在60 min左右，精练槽续缸碱补加量的经验数一般为头缸的60%～70%。

星形架精练设备碱减量处理的均匀性比精练槽高，但特薄织物不宜采用。

2）常压溢流减量机。织物定形后在此设备中进行常压绳状运转，其张力低，减量率易控制，残液可利用，产品风格优于喷射溢流染色机，但易出现直皱印，其操作类似于高温高压溢流染色机。该设备在常压下进行碱减量处理，因而其工艺条件和工艺处方类似于精练槽，但浴比较精练槽低。此类设备加工的关键是，精确控制碱液浓度、工艺温度、时间及布速，以提高减量率的均匀性和重现性。

3）高温高压喷射溢流染色机。此类设备适用于绉类、乔其类织物的加工。该类设备的特点是张力低、温度高、碱反应完全、适应性广，可精练松弛后直接减量，对强捻织物的松弛效果明显。碱用量视织物减量率而定。减量温度高，时间较长，因而减量较为充分，其碱用量略大于理论用量。如果工艺处方、温度及时间配合合理，则实际碱用量与理论用量最多相差1%。涤纶仿真丝织物的减量率一般控制在15%～20%，所以实际生产的碱用量宜控制在7%～9%（owf）。上述用碱量是在加入促进剂情况下的用量，这样直至烧碱反应完，即使温度高，时间再长，也不会发生过度减量而损坏纤维，而且不会发生涤纶内部结晶区的水解。如不加促进剂，则用碱量需提高，但一般不宜超过30%。加促进剂情况下，薄型织物在高温高压碱减量时一般是不加促进剂的，而中厚型织物则往往需要加促进剂。

根据织物装载容量的多少和设备类型确定浴比，浴比通常为1∶(10～20)。对低浴比高温高压染色机如气流式染色机来说，最低浴比可为1∶3。这类设备加工的关键是碱浓度的控制，否则减量率就难以控制。

在高温高压喷射溢流染色机碱减量工艺的操作程序中，需注意的是先将织物在溢喷机中走顺，然后用泵打入已溶解纯净的碱液和促进剂，再走顺5 min，使碱液与织物接触均匀，升温至70℃开始程控，升温速率不超过1℃/min，至120～130℃时保温30～40 min，布速小于100 m/min。碱减量后洗涤要充分，如加促进剂，残碱液pH值达7～8，可不用中和，只用热水洗再加皂洗，以去净织物上的表面活性剂及涤纶水解物。

（2）连续式碱减量加工。连续式减量设备是大型设备，目前主要有意大利的Debaca连续减量机、日本小野森的M型连续减量机、荷兰Brugman的Holland连续减量机等。这类设备都由浸轧、汽蒸、水洗等单元组成，其压力、汽蒸温度、碱浓度等技术参数均为自动控制，十分稳定。Debaca连续减量机降低了张力，在加工薄型绉织物时也不产生伸长，可保持织物原风格，但产量较低。

1）连续式碱减量工艺流程。缝头进布→浸轧碱液→汽蒸→热水洗→皂洗→水洗→中和→水洗。

2）工艺条件。连续式碱减量时碱浓度一般较高，为21.55%～30%（28～36°Bé），即270～400 g/L，蒸箱温度为110～130℃，织物运行速度为18～20 m/min。

由于连续式碱减量速度快，同时碱浓度和黏度大，涤纶又紧密，因而碱渗透差，使碱与涤纶反应不完全，且易表面化。所以，连续式碱减量需加入耐强浓碱的渗透剂，以促进碱的渗透。

3）工艺条件的讨论。轧液率提高，增加了涤纶织物上的含碱率，因而减量率随之提高。

温度升高，反应速率加快；碱浓度增加，减量率提高。然而，高浓碱不易控制且水洗难，所以连续式碱减量采用低浴比、低浓度的高温反应。

汽蒸时间加长，减量率增加，汽蒸时间与减量率的关系如图5—2—7所示。

汽蒸时，当蒸箱内含湿量降低，则被纤维吸附的水分减少，因而使布面的碱液浓度发生变化。若蒸箱内含湿量均匀性不一，则织物上的碱浓度均匀性也会不同，从而带来减量不匀。若提高汽蒸温度，则应降低含湿量，所以汽蒸时应均匀给湿。

连续式碱减量时，张力控制极为重要。张力不匀会引起减量不匀。尤其是松弛后的强捻织物对张力特别敏感。

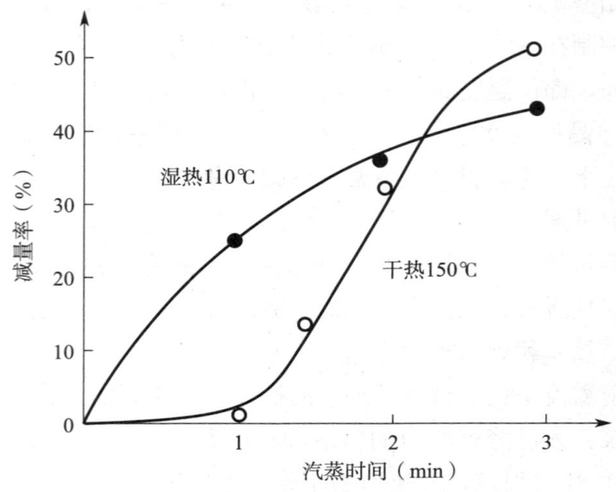

图 5—2—7　汽蒸时间与减量率的关系

连续汽蒸，碱反应效率为 30%～50%，因而汽蒸后需充分平洗。

三、腈纶织物的前处理

腈纶含杂较少，本身不需精练，它与粘纤、富纤、涤纶等化学纤维的混纺布也不需要精练，所以腈纶及其混纺制品或其中长化纤织物前处理工艺比较简单，只需烧毛、退浆、热定形加工即可。对白度有特殊要求的产品可进行增白处理。但在整个前处理加工过程中，织物应保持松弛状态，以消除织物在纺织加工过程中所形成的内应力，使织物充分松弛、回缩，以提高织物的仿毛风格。腈纶的中长化纤织物具有一定的仿毛风格，适用于做外衣，产品要求既挺括又无粗硬感，既柔软又无飘荡感；薄织物要求具有平整、滑爽的特点；厚织物则要求具有手感丰满、厚实、蓬松、弹性好的特点。因此，腈纶中长化纤织物产品风格的优劣关键在于染整加工。

虽然不含天然杂质，腈纶无须精练，但其在纺纱织造过程中易沾上油污。所以，在染色前应对腈纶织物进行去污处理。工艺可为非离子表面活性剂 1.5%（owf），浴比为 1∶15。

1. 烧毛

腈纶的混纺制品或其中长化纤织物在穿着过程中易起毛，所以烧毛就显得很重要。烧毛可使织物布面光洁，改善织物的起毛、起球现象，同时对提高产品风格有较好的效果。

腈纶织物的烧毛采用气体烧毛机，其中长化纤织物烧毛应适度，采用少火口、强火焰、快车速的烧毛工艺，以获得较好的质量。实践证明，在同样的烧毛条件下，一正一反的烧毛效果（如手感、弹性、断裂强度、耐磨性等）要比二正二反有所提高。烧毛工序可根据各厂具体条件和品种要求安排。但烧毛不匀会导致染色不匀。

2. 退浆

腈纶中长化纤织物退浆不仅可以去除织物上的浆料，更重要的是使织物在松弛、湿热的加工中得以充分收缩，从而获得仿毛风格。腈纶织物所用的浆料有淀粉、橡子粉、

PVA、CMC 等，应根据浆料的种类选用合适的退浆剂退浆。目前上浆多以 PVA 浆料为主，因此可采用碱、氧化剂、洗涤剂等退浆剂退浆。氧化剂退浆可用亚溴酸钠或双氧水，双氧水可与 Na_2CO_3 或烧碱进行一浴法退浆。双氧水与 Na_2CO_3 或与烧碱进行一浴法退浆时，两者的退浆率、毛效、白度相似，但前者的手感较后者柔软。腈纶的洗涤剂退浆可用非离子高效精练剂，精练剂实际上起洗涤作用，退浆效果主要靠高温洗涤来完成。洗涤剂退浆与碱退浆两者的毛效相近，但在同样的温度条件下碱退浆布面的颜色稍深、手感稍粗硬；而洗涤剂退浆的布面的手感柔软、弹性较好、拉幅容易，但布面颜色稍浅。在松式退浆联合机上退浆，即织物在履带式或翻板式汽蒸箱中进行松式汽蒸，在松式水洗机上进行松式水洗，在五层短环烘燥机中进行松式烘干，烘干后进行热定形加工。

3. 热定形

热定形是腈纶中长化纤织物的重要加工工序，目前大都在短环烘燥定形机上完成。定形温度不宜过高，一般在 190℃左右。应尽可能超喂，使织物进一步回缩，这样对成品仿毛感有利。凡采用热熔染色的涤腈中长织物都应在染色前定形，这样可以保持织物在热熔染色过程中的尺寸稳定性，减少折皱，提高染色质量。如采用高温高压卷染，因织物比较平整，幅宽收缩不大，故可在染色后定形。

4. 增白

腈纶增白产品有针织物、纱线及绒线等，所用的荧光增白剂有分散型勃仑可福(Blankophur) DCB（又称荧光增白剂 DCB)、天来宝 AN（又称荧光增白剂 AN)，增白在酸性浴中进行。处理工艺与阳离子染料染腈纶工艺相似，升温速度宜缓慢，必要时可加入阳离子缓染剂 1227 助匀染，防止增白不匀。

(1) 工艺处方（owf)。荧光增白剂 DCB 1.5%，分散剂 2%～5%，草酸 1%～1.5%，醋酸（98%）调节 pH 值至 4～5，柔软剂 0%～5%，匀染剂 O 1%～5%，浴比控制在1∶(20～40)。

(2) 工艺条件。处理时，pH 值应控制在 4～5，浴比控制在 1∶20 左右。在 70℃时依次加入分散剂、醋酸、草酸和增白剂后搅匀（在溢流机中先循环数分钟)，然后入染。要特别注意控制升温速度，以获得匀染效果。通常在 70～80℃时每分钟升高 1℃；80～85℃每两分钟升高 1℃；85～100℃每四分钟升高 1℃时，连续处理 30～60 min 后降温。要注意不可骤冷，在 30～60 min 内自然降温至 40～50℃，可改善织物手感，尤其对腈纶膨体纱应予特别注意，如有必要可进行柔软处理。

四、锦纶织物的前处理

在制造过程中已经过洗涤、去杂甚至漂白的锦纶，是一种较为纯净的纤维，所以前处理的任务只是去除在纺织加工过程中可能沾上的油污杂质等。

锦纶属于热塑性纤维，在高温精练或染色时易产生变形和折皱印，所以要对织物进行预定形处理，以防止产生折痕等疵病。

1. 精练

精练的目的只是去除纤维在纺丝、织造过程中沾上的油剂和其他污物，所以常把退煮或退煮漂合并进行。精练液常用精练剂，对沾污严重的可加入少量纯碱、磷酸三钠，精练条件也比较温和。

锦纶梭织物的前处理过程中易产生折皱印，在染整后加工中不易消除。因此，前处理一般采用平幅方式。在卷染机中进行前处理时，一定要严格控制升温速度，否则锦纶织物会发生骤然收缩而造成皱印疵病。

锦纶梭织物前处理工艺条件（卷染机）：冷水润湿打卷→退浆［浴比 1∶(2.5～3)，50℃2 道、70℃2 道、85℃2 道、95～98℃4 道］→皂洗［浴比 1∶(2.5～3)，90℃2 道］→增白［浴比 1∶(2.5～3)，70℃2 道］→温水洗（40℃2 道）→冷水上卷。

（1）退浆。Na_2CO_3 2～3 g/L，洗涤剂或肥皂 4～5 g/L，渗透剂 1～2 g/L，六偏磷酸钠 1 g/L。

（2）皂洗。高效净洗剂 0.5～1 g/L。

（3）增白。荧光增白剂 VBL 0.1 g/L。

锦纶针织物具有柔软、弹性好、杂质少等特点，因此其前处理相对简单些，一般可在溢流染色机中进行。

2. 预定形

预定形的目的是纠正纺织过程中纤维受到的歪曲、折皱，消除加工中织物的内应力不匀，保证织物精练、染色平整，防止染色过程中产生条花、折皱和鸡爪花等疵病，同时使织物尺寸稳定，而且可改善织物的服用性能。

预定形可在精练或染色前进行，但若织物用聚乙烯醇（PVA）等浆料上浆，则必须先退浆再定形，否则，PVA 浆料在热定形的高温作用下，会产生不溶于水的有色物质，增加退浆、煮练的困难，并会影响织物的外观质量。

涤纶碱减量处理工艺实验

一、目的要求

1. 学会涤纶碱减量处理的一般工艺。
2. 会进行涤纶碱减量操作。
3. 会对处理过的织物产品质量进行评价。

二、实验原理

涤纶分子的分子间作用力强、分子排列紧密，纺丝后取向度和结晶度高，纤维弹性模量高，手感硬，刚性大，悬垂性差。若将涤纶放置于热碱液中，利用碱对涤纶分子中酯键的水解断裂作用，可将涤纶大分子逐步打断。涤纶因分子结构紧密、纤维吸湿性差而难以膨化，使高浓度、高黏度的碱液难以渗入纤维分子内部，因而碱的这种水解作用只能从纤维表面开始，而后逐渐向纤维内部渗透。纤维表面被腐蚀而变得松弛并出现坑穴，纤维本身重量随之减小，使织物弯曲及剪切特性发生明显变化，织物从而获得真丝绸般的柔软手感、柔和光泽和较好的悬垂性和保水性，织物变得滑爽而富有弹性。因此，涤纶碱减量加工是仿真丝绸的关键工艺之一。

三、实验准备

1. 实验材料。涤纶织物坯布一块（约重 10 g）。

2. 实验仪器。恒温水浴锅、电子天平、托盘天平、玻璃染杯（250 mL）、烧杯（500 mL、1 000 mL）、量筒（100 mL）、移液管（10 mL）、玻璃棒、角匙、吸耳球。

3. 实验药品。36°Bé 氢氧化钠溶液。

四、实验内容

1. 工艺处方和条件

根据原理设计处方和条件，在指导老师检查后开始实验。

2. 操作流程

称取 3 g 左右的试样三块，拉去毛边约 0.5 cm，用同种丝线包缝四边，做好编号标记，分别在电子天平上精确称重（精确到 0.000 2 g）。

按实验处方计算各试剂用量，在 3 个烧杯中各加入 2/3 总量的蒸馏水，依次加入各化学药品，将其搅拌溶解后，加水至总液量。将上述 3 份溶液加热到 60℃后，将织物在温水中浸湿，挤去水分，投入工作液，在搅拌下加热到微沸，处理 60 min。加热过程中不断搅拌，并补充热水以维持浴比。

处理完毕，取出织物，用 80℃的热水洗两次；室温下，在 100 mL 醋酸溶液（1 mL/L）中浸渍 10 min；再用冷水洗净。烘干后称取每块织物的干重（精确到 0.000 2 g）。

五、结果与讨论

测定织物减量率，并将试样贴在实验报告上。

思考与练习

涤纶碱减量处理会使织物风格发生什么变化？为什么？

第三节　混纺、交织物的前处理

1. 掌握涤棉混纺织物的前处理。

2. 了解涤粘混纺织物的前处理。

3. 了解维棉混纺织物的前处理。

纺织纤维的种类日益增多，而每一种纺织纤维又有不同的风格与特性。如果将性能各异的纺织纤维科学地拼混使用，可以产生各种品质、风格和使用性能或特殊功能的纺织品。混纺及交织制品均采用两种或两种以上的纤维组合而成，其纤维结构和性能上的差异给前处理加工造成了一定的复杂性。

一、涤棉混纺织物的前处理

1. 涤和棉的特性

涤纶和棉以一定比例混纺或交织，既保持了涤纶的优点，又改善了穿着不透气等缺点。涤纶与棉的比例通常是，以涤为主的品种为涤占65%、棉占35%，以棉为主的品种为涤占45%、棉占55%，或涤占40%、棉占60%。也有涤占50%、棉占50%的，这类织物习惯上称为低比例涤/棉织物，代号CVC。

涤棉混纺织物的印染加工比纯纺织物困难，关键原因在于两种纤维之间的化学和物理性能差距太大。涤棉织物的印染加工不仅比由单一纤维构成的织物复杂，而且比一般二元纤维织物如维棉织物、粘棉织物等困难。涤/棉织物中的涤纶与棉纤维混合在一起，在印染加工时只能在一个条件下反应（虽然有时另一种纤维并不需要这种反应）。制定涤/棉织物每道印染生产工序时，必须注意同时兼顾对涤纶和棉的作用与影响，尽量减少纤维损伤，不能顾此失彼。

传统纯棉织物的印染生产工艺已不适用于涤/棉织物，因此必须另行制定适合涤纶和棉两种纤维在同一条件下生产的工艺。这种工艺必须处理好两者之间的矛盾，可遵循下列三条原则：

（1）两种纤维都需要且使用同一条件的就合并进行，如高温烧毛、退浆等。

（2）两种纤维中只有一方需要，只能采取对一方有用而对另一方无害（或少害）的条件，如碱丝光后不用高温去碱。

（3）两种纤维都需要但又不能使用同一条件的，只能先进行对一方有用而对另一方影响较小的工艺，然后再进行对另一方有用而对这一方影响较小的工艺，如增白、染色等。

由于涤纶和棉的化学属性差异较大，所以很难制定出理想的生产工艺。有些工艺只能做到大体上对另一方无害或危害较小。

2. 涤棉织物的前处理工序

涤棉织物的前处理工序一般包括烧毛、退浆、煮练、漂白、丝光和热定形等。

（1）烧毛。涤棉织物使用气体烧毛机，一般进行一正一反烧毛。由于涤纶的燃烧温度为485℃，熔点为250～265℃，为了获得良好的烧毛效果，涤纶必须采用高温快速烧毛，绒毛的温度高于485℃，但布身的温度低于180℃，落布时布身温度要低于50℃。

（2）退浆。我国目前采用以聚乙烯醇为主的混合浆料作为涤棉混纺织物的上浆剂。在各种浆料中，聚乙烯醇的退浆是比较困难的，可采用热碱退浆或氧化剂退浆。热碱退浆工艺：织物浸轧 80℃的含烧碱 5～10 g/L 的溶液，堆置或汽蒸 30～60 min，然后用热水或冷水充分洗涤织物至 pH 值为 7～8。

（3）煮练。涤棉织物因含有棉的成分，必须通过煮练去除棉纤维中的天然杂质及涤纶上的油剂和齐聚物。涤棉织物煮练一般工艺：织物浸轧含烧碱 8～10 g/L、渗透剂2～5 g/L 的煮练液后，在 95～100℃温度下汽蒸，然后用热水和冷水充分洗涤。如涤棉织物中棉的比例高，则烧碱用量适量增加。但烧碱对涤纶有一定的损伤，应严格控制好工艺条件，既使棉纤维获得良好的煮练效果，又将涤纶的损伤限制在最低点。

（4）漂白。涤棉织物的漂白主要去除棉纤维中的天然色素，故用于棉织物的各种漂白剂均可用于涤棉织物的漂白。涤棉织物漂白的工艺条件与棉织物基本相同，但漂白剂用量相对低一些。例如，用亚氯酸钠轧漂涤棉织物的工艺：浸轧含亚氯酸钠 12～25 g/L、适量活化剂的漂白液，在 100℃左右汽蒸 45～60 min，可获得良好的漂白效果。

涤纶因耐碱性差不可能进行充分煮练，而漂白剂具有去杂能力。因此，应统筹考虑涤棉织物的退浆、煮练、漂白三道工序，根据不同品种和加工要求采用一步、二步或三步法工艺。

1）漂白涤棉织物产品。亚一氧双漂工艺、碱煮一氧一氧双漂工艺。

2）中浅色涤棉织物。亚漂工艺、碱煮一氧漂工艺、碱煮一氧一氧双漂工艺。

3）深色涤棉产品。碱煮一氧漂工艺、碱煮一氯漂工艺。

（5）丝光。涤棉织物丝光是针对其中棉纤维组分进行的，其工艺条件基本可参照棉织物丝光。考虑到涤纶不耐碱，涤棉丝光时碱液浓度可适当降低，去碱箱的温度降低为 70～80℃。涤棉织物的丝光工序一般安排在练漂后，这样可以获得较好的丝光效果并消除皱痕。由于丝光碱液含有杂质和色泽，常常降低了漂白织物白度，所以一般需再用过氧化氢漂白一次。有时为了提高织物表面效果及染色牢度，深色织物也有采用染后丝光处理。涤棉织物的丝光设备一般都采用布铗丝光机。

（6）热定形。涤棉织物热定形是针对其中的涤纶组分进行的，其工艺条件基本上可参照纯涤纶织物的热定形。由于棉是热固性纤维，涤棉织物干热缩率一般都比纯涤纶织物低。另外，高温下棉纤维易泛黄，所以涤棉织物热定形温度宜低一些，一般为180～200℃。

二、涤粘中长混纺和交织织物的前处理

中长纤维织物混纺比例一般如下：涤粘织物为涤占 65％、粘占 35％或涤占 70％、粘占 30％；涤腈织物为涤占 60％、腈占 40％，涤占 65％、腈占 35％和涤占 50％、腈占 50％；涤腈粘织物为涤占 50％、腈占 33％、粘占 17％。由于化学纤维含杂较少，所以中长化纤织物的练漂工艺比较简单，只需要烧毛、退浆、煮练、定形等工艺，其总要求是既“简”又“松”，即工艺简单且为松式加工，中心是“松”。涤粘织物的前处理工艺

一般采用强火快速一正一反烧毛。如果烧毛不匀，将导致染色时上染不匀。采用高温高压染色的织物，最好采用染后烧毛。烧毛后直接用过氧化氢进行一浴法前处理，不但退浆率高，而且还有煮练和漂白作用。退煮后，织物在松式烘燥设备上烘干，再在SST短环烘燥热定形机上在190℃适当超喂条件下热定形。

三、粘棉混纺和交织织物的前处理

粘棉混纺和交织织物的前处理工艺随粘棉的比例不同而有差异，通常比例为粘占50%、棉占50%，或粘占25%、棉占75%等。棉成分高，织物前处理工艺与棉织物相同；棉成分低，织物前处理的条件应缓和些。工艺流程一般为烧毛→退浆→煮练→漂白→丝光。烧毛时，如粘胶纤维比例大，烧毛速度要稍快一些。粘棉织物一般上淀粉浆料，由于粘胶纤维对酸、碱稳定性差，所以多采用酶退浆。粘棉织物需煮练去除棉纤维上的天然杂质。棉纤维比例高的可用烧碱低压煮练，压力为0.078 4～0.098 MPa；棉纤维比例低的可采用烧碱和纯碱的混合碱剂开口煮练。粘棉织物一般用次氯酸钠漂白，漂白工艺可参照棉织物的漂白工艺。丝光时，由于粘胶纤维的耐碱性差，碱液浓度应适当降低。

四、维棉混纺织物的前处理

维纶是聚乙烯醇缩醛纤维的商品名称，国外也称维尼纶。其性能接近棉花，有“合成棉花”之称，是现有合成纤维中吸湿性最大的品种。维纶吸湿率为4.5%～5%，接近棉花（8%），强度稍高于棉花。维纶一般在有机酸、醇、酯及石油等溶剂中不溶解，耐腐蚀，不易霉蛀，在日光曝晒下强度损失不大，但不耐热水，弹性较差，染色性较差。此外，维纶很柔软，保暖性好，相对密度比棉花小。因此，与棉花相比，相同质量的维纶能织出更多的面料。维纶广泛用于轮胎帘子线、运输带、水龙带、渔网、绳索、帆布、过滤布和橡胶制品等的制造。

维棉混纺织物前处理工艺的一般流程：烧毛→退、煮、漂→丝光→定形。

1. 烧毛

为改善织物的起球，维棉混纺织物一般也应烧毛，但考虑到维纶纤维的耐热性差，因此控制烧毛工艺非常重要。烧毛不净会影响外观，烧毛剧烈会引起织物局部熔融，严重的会使织物发硬收缩而失去使用价值。维棉混纺织物的烧毛工艺采用气体烧毛机，火口为二正二反，车速为100～110 m/min，烧毛等级4级。

2. 退煮漂

除含油剂外，纯维纶织物不含其他杂质，因此其只要采用洗涤剂适当洗涤即可，无须退煮。但是，在加工维棉混纺织物时，棉纤维必须进行退煮漂工艺，而维纶纤维和棉纤维的耐碱性及耐双氧水的能力不同，因此必须制定适合这两种纤维的最佳加工工艺。维纶的耐热水性差，不宜在100℃热水或蒸汽中退煮漂，而采用90～95℃退煮漂。

维棉混纺织物退煮漂工艺处方：100%NaOH 20 g/L，100%H_2O_2 5 g/L，水玻璃

6 g/L，煮练剂 10 g/L，络合剂 4 g/L。

工艺条件：浸轧工作液温度 65～75℃，汽蒸温度 90～95℃，汽蒸时间 30 min，蒸洗箱温度 90℃，车速 45 m/min。

3. 丝光

丝光对维纶纤维不起作用，但考虑到丝光可显著改善棉纤维的各项指标，因此，维棉混纺织物一般也要进行丝光。

维棉混纺织物丝光工艺条件：烧碱 240～260 g/L，布面 pH 值 6～7，水洗箱温度 90℃，车速 40 m/min。

4. 定形

维纶的耐热水性差，因此维纶一般应采用干热定形，而不采用蒸汽湿热定形法。定形温度以不超过 180℃为宜。

涤棉混纺织物汽蒸法练漂工艺实验

一、目的要求

1. 了解涤棉混纺织物汽蒸法的工艺特点。
2. 掌握退煮漂一步法工艺条件和基本操作。

二、实验原理

由于含杂少，涤棉（T/C）混纺织物的纱线强力较高，在 20 世纪 90 年代初，大部分印染厂已采用了二步法练漂工艺，即退煮合一→漂白，或退浆→煮漂合一。

目前对涤棉混纺轻薄织物和部分中厚型织物，大部分工厂已采用了退煮漂一步法工艺，使涤棉混纺织物前处理工艺流程大为缩短，能耗明显降低。涤棉混纺织物一步法工艺主要有碱一氧一浴汽蒸法和碱一氧一浴冷轧堆法。

三、实验准备

1. 仪器设备。烧杯（200 mL、500 mL）、蒸箱（或蒸锅）、量筒（10 mL、100 mL）、温度计（100℃）、电炉、托盘天平、角匙、玻璃棒。
2. 化学药品。过氧化氢（工业品）、氢氧化钠（工业品）、氧漂稳定剂、高效精练剂。
3. 实验材料。T/C 坯布两块（细平布，大小以符合毛效、白度测定要求为准）。

四、实验内容

1. 工艺处方和条件

工艺流程及条件：坯布→浸轧碱氧液（室温，轧液率 100%～110%）→汽蒸

（100～102℃，60 min）→热水洗（85～90℃）3 次→温水洗（65～70℃）2 次→冷水洗→晾干，待测。

2. 操作流程

（1）按处方计算、称取各助剂，并配制工作液。

（2）将 T/C 坯布投入已配制好的工作液中，在室温下浸透（1～2 min），并用玻璃棒夹去多余的工作液。

（3）然后将坯布放入蒸箱（或蒸锅）中，于 100～102℃汽蒸 60 min。

（4）取出坯布，用 85～90℃热水洗 3 次（每次浸渍时间不少于 60 s），65～70℃温水洗 2 次，最后用冷水洗。

（5）晾干坯布后测定毛效、白度、强力等。

五、结果与讨论

1. 测定并评价半制品质量（见表 5—3—1）

表 5—3—1　试样测定结果

试样编号	1#	2#
白度（%）		
毛效（cm/30 min）		
原坯强力（N）		
练漂后强力（N）		
强力损伤率（%）		
手感及布面质量		
贴样		

2. 注意事项

（1）工业用双氧水和烧碱应折算成实际使用工业品浓度的用量。

（2）碱氧液配制好后，不宜放置时间过长，应及时使用。

（3）汽蒸后的洗涤非常重要，应保证洗涤温度、时间及洗涤液的清洁度，否则 PVA 浆料会发生凝聚，重新沾到织物上，从而影响处理效果。

思考与练习

分析影响退煮漂汽蒸一步法工艺效果的主要因素。

第六章　特殊品种的前处理

第一节　针织物的前处理

学习目标

1. 了解棉针织物的前处理。
2. 了解合纤针织物的前处理。
3. 了解真丝针织物的前处理。
4. 了解混纺针织物的前处理。

针织物是由线圈组成的，结构较松，外力作用下容易变形，在练漂加工时必须注意使织物保持松弛状态，同时应尽量缩短加工过程。此外，针织物在加工时会因纱线受损而造成脱散，同时会因卷边而使练漂加工不匀，因此加工时应注意防止脱散和产生卷边。

一、棉针织物的前处理

棉针织物练漂加工随品种和用途不同而各异。纱线在织前不经上浆，因此不需退浆工艺，只需煮练和漂白加工，而且练漂条件比较温和。棉毛织物多为中、深色，对练漂要求低，只需煮练或轻度漂白。汗布类织物不仅要有良好的吸水性和白度，还要有柔软的手感，因此对练漂要求较高，须经煮练和漂白加工；同时为了增加织物的弹性和组织密度、提高织物尺寸稳定性，还需要碱缩，碱缩一般在煮练前进行。

1. 棉针织物的练漂加工工艺

棉针织物练漂加工工艺流程主要有以下几种形式。

漂白汗布品种：坯布→碱缩→煮练→次氯酸钠漂白→双氧水漂白→增白→整理。

染色（印花）汗布品种：坯布→碱缩→煮练→次氯酸钠漂白→染色（印花）→整理。

染色（印花）棉毛品种：坯布→煮练→次氯酸钠漂白→染色（印花）→整理。

2. 棉针织物的碱缩工艺和设备

（1）碱缩工序安排。棉针织物的碱缩有干缩和湿缩两种工序。干缩是直接对坯布碱缩，然后练漂。这种方式具有工序简短、可连续化生产的特点，但坯布的润湿性较差，易产生碱缩不匀，加入渗透剂可改善碱液的渗透性，提高碱缩质量。

湿缩是在坯布煮练后碱缩。这种方式虽然具有织物的渗透性好，吸碱均匀，弹性、光泽和匀染性也比干缩好等特点，但由于是湿布进布，织物上的水分会带入碱液，碱液被冲淡，且碱液温度上升，影响碱缩效果。

染中、深色高档产品的碱缩，可以采用练漂后脱水或烘干再碱缩的工艺。练漂后织物的毛细管效应好，吸碱均匀一致，碱缩质量好，但工艺流程长、耗能大。

坯布先浸轧渗透剂再浸轧碱液也是一种效果较好的碱缩工艺。织物润湿后碱缩有利于快速均匀吸碱，提高匀染性，但氢氧化钠取代纤维内的水分需要一定时间，碱液也会被稀释，所以坯布浸轧渗透剂后的含水率不应超过 70%，且要均匀一致。

(2) 碱缩工艺。在无张力条件下，棉针织物在室温浸轧 140～200 g/L 的氢氧化钠溶液，并保持带浓碱 5～20 min，然后冲洗去除氢氧化钠。

碱液浓度、碱缩温度、碱缩时间、碱缩助剂等对碱缩效果影响很大，生产中必须严格控制。

碱液浓度是影响碱缩效果的主要因素，当 NaOH 浓度达到 245～250 g/L 时，织物的收缩率最大。但碱缩时收缩太大会影响产品的透气性及可缝纫性。碱液浓度应根据染整加工后光坯布的直/横向密度和平方米克重等指标来确定，一般控制在 160～220 g/L。

氢氧化钠和纤维素纤维的反应是放热反应，碱液温度高会降低纤维的溶胀作用、影响碱缩效果；碱液温度过低，碱液黏度大，碱液难于渗透到纱线和纤维内，会造成表面碱缩。因此，实际生产中多在 15～25℃的常温下碱缩，夏天可在轧槽夹层内通入冷流水使碱液冷却。

碱缩时间是指织物开始浸碱至洗碱前的全部时间。氢氧化钠与纤维素的反应极为迅速，但碱液向纤维内部渗透及织物充分收缩都需要一定时间。针织物碱缩多是对坯布直接进行。毛坯布吸湿性差，碱液较难渗透到织物内部。因此，碱缩时间一般控制在 5～20 min，可通过洗碱前堆置来实现。提高碱液浓度，可缩短碱缩的时间。

在碱液中加入耐碱渗透剂，如烷基磷酸酯盐等表面活性剂，可使碱液快速渗透到织物和纤维内部，有利于缩短碱缩时间，并获得理想的碱缩效果。

二、合纤针织物的前处理

1. 涤纶针织物的前处理

(1) 松弛精练。涤纶原料常以低弹丝或长丝形式参加编织。低弹丝具有弯曲外形，但在编织中受到拉伸、弯曲等机械作用，其纤维难以恢复原有的弯曲状态。将涤纶针织物在松弛、平幅状态下浸入热水中，同时加以振荡，促使内应力消除，使纤维恢复弯曲，织物会变得更丰厚和有弹性。在织物松弛过程中，加入洗涤剂，可同时去除纤维上的油剂及污物，便于后工序的漂白、染色和印花。以平幅舒展状态松弛精练织物时，织物还能得到一定的定形作用，这样可减轻或避免在绳状高温染色时由于织物有卷边而造成的边花。

加工设备有平幅松弛精练机、松弛水洗机和喷射溢流染色机等。涤纶针织物的精练工艺条件：净洗剂 0.5%～1.0%，纯碱 0%～0.5%，浴比 1∶(20～30)，温度 80～90℃，时间 30～40 min。

(2) 热定形。涤纶针织物的热定形利用合成纤维的热塑性将针织物在一定的张力下，以平幅状态在高温条件下处理一定时间，从而达到使织物线圈形态稳定、布面平整、纹路周正、幅宽固定的目的。热定形后，涤纶针织物使用中只要温度不超过定形温度一般不会变形。涤纶针织物常常在染前先进行热定形，特别是用经轴染色机染色时，织物需先用经轴打卷。染前定形可利于织物均匀平整地打卷到经轴上，使织物具有尺寸稳定、不易卷边、不易起皱、布面平整和挺括等特点，并能达到预期的幅宽，以利于后续染色工艺。

2. 锦纶针织物的前处理

(1) 精练。锦纶针织物的精练工艺条件：肥皂或其他洗涤剂 1～3 g/L，温度 60℃，时间 20～30 min，浴比 1∶(15～20)。如果织物沾污严重，则可在精练液中加入适量的纯碱或磷酸三钠。

(2) 漂白。在氧化剂作用下锦纶的稳定性较差。漂白剂次氯酸钠对锦纶的损伤严重。氯能取代酰胺键上的氢并使纤维水解。双氧水也能使聚酰胺大分子降解。锦纶较洁白，一般可以不漂白，用增白剂增白即能达到所需的白度，但对特白的产品可用亚氯酸钠漂白。

3. 腈纶针织物的前处理

腈纶针织物的练漂主要去除纤维上的污物。由于耐碱性差，腈纶在高温碱性条件下处理容易发黄，所以腈纶针织物的精练工艺条件一般为非离子型表面活性剂 1～3 g/L，浴比 1∶(10～30)，洗涤温度 60～65℃，洗涤时间 20～40 min。

腈纶针织物一般不漂白，对白度要求高的腈纶针织物可以进行荧光增白。用于腈纶的荧光增白剂，有阳离子型荧光增白剂和非离子型（分散型）荧光增白剂，如荧光增白剂 DCB、AN 等。增白工艺与染料染色工艺相同：荧光增白剂 DCB 1.5%，草酸 1%，醋酸 2%，分散剂 2%，浴比为 1∶20，增白一般在 70℃开始，30 min 升温至近沸点，处理 20～30 min，然后在 20～30 min 降温至 40℃。

三、真丝针织物的前处理

真丝针织物上主要存在两类杂质，一类为天然杂质，主要是丝胶，约占 25%左右，以及其他少量存在于丝胶中的脂蜡、色素和无机盐；另一类为附加杂质，主要是织造过程中为使丝胶软化而施加的矿物油、植物油和表面活性剂组成的油剂（泡丝剂）以及为了识别捻丝方向施加的着色染料（例如酸性染料）和生产过程中沾染的油污等。这些杂质的存在不仅影响真丝针织物的手感、外观、光泽和吸湿性能，还会妨碍染整加工的顺利进行，影响染料的上染率和染色的匀染性、色泽鲜艳度、染色牢度。

真丝针织物前处理的目的是去除丝素以外的所有杂质，使真丝针织物具有良好的吸水性、柔软的手感、洁白的外观和悦目的光泽，从而得到练白产品，或者为后续的染色和印花提供合格的半制品。真丝针织物的前处理主要包括精练和漂白。

桑蚕丝的精练就是脱除丝胶的过程，所以习惯将精练称为脱胶。脱胶后的桑蚕丝真丝针织物已经有比较洁白的外观，一般不需要漂白。对白度要求较高的真丝针织物可进行漂白或增白处理。柞蚕丝的色素含量较高，而且色素不但存在于丝胶中，还存在于丝素中，脱胶不能将色素完全去除。所以，柞蚕丝针织物脱胶后必须进行漂白，才能获得良好的白度。柞蚕丝针织物一般先用过氧化氢漂白，水洗后再进行还原漂白。一般的真丝针织物主要指桑蚕丝针织物。

1. 真丝针织物的精练

(1) 真丝针织物精练的原理。丝胶与丝素的氨基酸组成和超分子结构存在很大差异。丝素对酸、碱等化学试剂和蛋白水解酶有较高的稳定性，其在水中不能溶解。丝胶对化学试剂、酶和水比较敏感，在水中特别是近沸点水中能发生剧烈溶胀，甚至溶解。利用这一特点，采用适当的方法和工艺，将丝胶从纤维上去除，而不损伤丝素，以达到脱胶的目的。

由于真丝针织物结构疏松，精练剂易于对其渗透，因此其精练时间较短，织物的尺寸稳定性差且容易变形、脱散，在精练中经不起摩擦和拉伸，不宜被施加张力，所以真丝织物一般在溢流染色机或绳状染色机中精练。为了使圆筒形真丝针织物正面不受损伤，精练前需用翻布机将坯绸正面翻到里面。

(2) 影响真丝针织物精练的因素。主要因素有 pH 值、脱胶温度、水质、浴比等。

pH 值过高，脱胶作用强烈，会损伤丝素。pH 值低，精练时间长，易造成坯绸疲软，手感不滑爽，擦伤多。pH 值一般宜控制在 9.5～10.5，精练后 pH 值为 9～9.5。

丝胶溶解速度随温度的升高而提高。精练温度宜控制在 92～98℃。低于 92℃，脱胶速度慢，脱胶不均匀；高于 98℃，精练液沸腾，织物翻滚摩擦，引起织物擦伤（灰伤），同时易发生过练。

精练液 pH 值稳定，脱胶速度较快，织物间的摩擦减少，不易造成灰伤，浴比一般为 1∶20～1∶30。

真丝针织物精练宜用软水，总硬度应低于 15mg/L。水质硬度偏高，容易发生出水不清、白雾、手感差等疵病。肥皂遇硬水会产生呈白雾状不溶性钙镁皂黏附在织物表面，影响织物外观质量，降低精练后织物的吸水性。无软水时，可先用软水剂将水软化后再使用。采用含有金属螯合剂的快速精练剂可不加或少加软水剂。

真丝针织物精练后的脱胶率宜控制在 22%～23%。脱胶率过低则使织物手感硬，过高则使织物手感疲软，且易造成灰伤。

(3) 真丝针织物精练的方法。真丝针织物精练的常见方法主要有合成洗涤剂精练法、丝绸专用精练剂快速精练法和生物酶脱胶法。

1) 合成洗涤剂精练法。处方见表 6—1—1。

表 6—1—1　　合成洗涤剂精练法处方　　g/L

助剂名称	厚重型绸	轻薄型绸
精练剂	6.0	4.0～5.0
分散剂 WA	2.0	2.0
净洗剂 209	3.0	3.0
纯碱	2.0	2.0
保险粉	0.3	0.3

注：厚重型绸指织物单位面积质量>130 g/m²者，轻薄型绸指织物单位面积质量<130 g/m²者。

工艺条件：温度 92～96℃，pH 值 9.5～10，时间 60 min，水洗三次，80℃热水、60℃热水、冷水各处理 10 min。

2）酶一合成洗涤剂精练法

初练处方：纯碱 1～1.2 g/L，精练剂 1～1.5 g/L，保险粉 0.7 g/L。初练工艺条件：pH 值 9.5，温度 98℃，时间 60 min。

复练处方：2709 碱性蛋白酶 0.5 g/L，纯碱 1～1.5 g/L。复练工艺条件：pH 值 9.5，温度 45℃，时间 50 min，水洗三次，90℃热水 20 min，50℃热水 10 min，冷水 10 min。

真丝针织物精练水洗后，如果要染色，可立即染色加工；如果坯绸要做成衣用，则必须进行抗静电处理和柔软处理，然后脱水、干燥。处理工艺条件：抗静电剂 SN 1%左右，有机硅柔软剂 1%～2%，浴比 1∶20，温度 35～40℃，时间 10 min。

2. 真丝针织物的漂白

（1）工艺流程。精炼→热水洗→漂白→热水洗→热水洗→室温水洗→出缸。

（2）工艺处方及条件。双氧水 30% 2～5 mL/L，硅酸钠 40°Bé 1～2 mL/L，匀染剂 0.1～0.2 g/L，漂白温度 80℃，时间 60 min，浴比 1∶20，pH 值 8～8.5。

四、混纺针织物的前处理

将某些天然纤维和化学纤维，或不同的化学纤维混纺、交织，使它们的性能互补，能得到比较理想的产品，如与棉纤维混纺的针织物有粘/棉针织物、涤/棉针织物等。混纺和交织针织物的前处理，应兼顾两种纤维的含杂情况、化学性能和混纺或交织比例，确定前处理工艺。

1. 粘/棉针织物的练漂

粘胶纤维与棉纤维的性能基本相似，因此粘/棉针织物的练漂工艺，基本上与纯棉针织物相同。但在烧碱溶液中，粘胶纤维会发生剧烈的膨化和部分溶解，以致降低织物的强力。因此，粘/棉针织物的精练条件、烧碱的浓度要比纯棉针织物低，精练时间也较短，一般采用常压精练。具体工艺根据混纺比例等因素决定。

2. 涤/棉针织物的练漂

涤纶的耐碱性较棉差，高温碱煮会造成涤纶的损伤，这是因为涤纶分子中的酯键在碱性条件下容易水解。因此，对涤/棉针织物用碱处理的工序如碱缩、精练等的条件要比纯棉针织物的缓和。涤/棉针织物很少采用高温浓碱处理，多采用双氧水练漂一浴法。

（1）精练。涤棉混纺针织物的精练主要用剂是烧碱和精练剂。但烧碱对涤纶有一定的损伤，所以必须严格控制其用量和反应温度，使棉纤维获得较好的精练效果，同时尽可能减少涤纶的损伤。涤棉混纺针织物的精练工艺一般为浸轧烧碱 8～10 g/L，精练剂（渗透剂）2～5 g/L，在 80～90℃处理 60 min，然后用热水和冷水充分洗涤。

（2）漂白。涤/棉针织物多采用练漂一浴法。涤纶耐碱性差，不可能进行充分的煮练，需要在漂白过程中继续完成煮练作用，或采用双氧水练漂一浴法，将煮练、漂白等工序适当地结合在一起进行。根据对半制品的要求，选择工艺方法。

涤/棉针织物练漂一浴法工艺处方：双氧水（100%）5 g/L，精练剂 2 g/L，去油剂 1 g/L，纯碱 2 g/L。

涤/棉针织法练漂一浴工艺条件：浴比 1∶6，温度 98～100℃，时间 1～3 h，pH 值 10.5～11。

思考与练习

1. 针织物的前处理具有什么主要特点？
2. 棉针织物练漂加工工艺主要有哪几种形式？
3. 涤纶织物前处理的松弛精练和热定形分别起到什么作用？
4. 真丝针织物精练的原理是什么？
5. 混纺针织物的前处理具有什么主要特点？

第二节　绒类织物的前处理

学习目标

1. 了解灯芯绒织物的前处理。
2. 了解绒布的前处理。

一、灯芯绒前处理

灯芯绒是绒类织物中的一个大品种，按坯布组织规格分类，灯芯绒有特细条、细条、中条、粗条、提花和割纬平绒等。灯芯绒织物具有厚实耐穿的特点，富有光泽，宜于做春、秋、冬三季外衣。灯芯绒坯布表面有条状的浮纬（绒纬），割断后经过加工，浮纬松散抱合而成灯芯状的绒条。灯芯绒外观质量要求绒毛圆润、条纹清晰、光泽柔和、手感柔软，内在质量要求缩水率小、牢度好、耐磨。

灯芯绒加工的工艺程序：原布准备→轧碱烘干或喷汽烘干→割绒→修整→缝头→酶退浆或热水去碱→水洗烘干→前刷毛→烧毛→煮练→漂白→水洗→烘干。

工艺程序从坯布进入准备间缝头、分箱的准备阶段开始。为了有利于割绒，一般先正面轧 10～15 g/L 氢氧化钠或 3 g/L 肥皂液后烘干，再进行割绒。

一般品种灯芯绒采用机械割绒，特细条灯芯绒（2.5 cm 内有 18 条以上）和某些提花灯芯绒应采用半机械或手工割绒。割绒后要检验割绒质量，如有漏割、割破等情况需修补。经过割绒后的坯布，再经缝头，以热水洗碱，然后用生物酶退浆，最后水洗、烘干。经刷绒机刷毛，使灯芯绒布的绒毛松散。刷绒后，用接触式金属热板烧毛机烧毛，泡焦（热水洗几次），将烧毛后的焦黄杂质洗除，然后煮练，去除果胶等天然杂质。经过煮练后的坯布，若用于染浅色或印花的要进行漂白，用于染深色的可以不漂白。灯芯绒的加工，都要求在“顺毛”和绒面向上的状态下进行，并放松轧辊的压轧力，有条件的改为冲吸洗涤，以保持绒毛丰满。灯芯绒割绒刷毛后，织物随着机械运行，按“顺毛”和绒面向上顺序前进，落布于布箱时，先下去的在箱的下面，后下去的在箱的上面。进入下道工序时，必须先要“翻箱”，使箱体下部的织物先进入下道工序，以便仍按原来顺序前进，保持灯芯绒绒毛丰满，不失去应有的光泽。

二、绒布前处理

绒布是将原来无绒织物的纬纱拉起部分纤维形成绒毛的织物。绒布品种较多，主要有单面绒和双面绒。绒布具有保暖性好、吸湿性高、质地柔软厚实的特点，宜制作春、秋、冬三季内衣和衬衫等。织物的纬纱粗些，纱的密度不太大，捻度也较小；经纱的纱支细，捻度大，不容易拉毛，纱的密度太密，织物紧也不易起毛。一般选择纤维长度为 25～30mm、等级在 5～6 级的棉花作为加工绒布的原料。

绒布的内在质量要求是缩水率小、保证一定的强力［一般断裂强力不应低于 176.7 N/（5 cm×20 cm）］，外观质量要求绒毛短、密、匀。除对棉纤维长度、纱支的捻度、织物经密度和纬密度等有特殊要求外，练漂工艺与提高绒布质量也有密切的关系。为了便于起绒，绒布练漂以退浆、去杂为主要目的，并使织物获得一定的白度和渗透性能，但要尽可能保存棉纤维上的蜡质。

1. 工艺程序

原布准备→退浆→漂白→起绒→洗绒。

2. 工艺条件

（1）退浆。绒布织物退浆净与不净对起绒有很大的影响，因为浆料会使织物的纤毛黏着，造成不易起绒的后果。由于绒布一般不进行煮练，所以绒布退浆要求较其他织物高。为了使绒布便于起绒，除提高退浆效果外，还要求织造绒布坯时，在不影响操作和防止断头的情况下，尽量降低上浆率。

退浆应采用酶退浆工艺。为了达到较好的退浆、去杂效果，也有采用两次浸轧碱液、保温堆置或采用退浆后煮布锅常压煮练（温度 80～85℃，时间 5～6 h），或用轧碱平幅退浆工艺（90～95℃，90 min），以达到退浆、除杂及膨化棉籽壳的效果。

（2）漂白。由于绒布不煮练，所以织物上的天然杂质与色素，特别是棉籽壳，就要依靠较高浓度的次氯酸钠漂白来除去。所用的次氯酸钠浓度视气候不同而异，一般夏季时，薄坯织物所用浓度为 2.5～3.0 g/L（有效氯）溶液，厚坯织物则为 3.0～3.5 g/L；冬季各增加 0.5 g/L，堆置时间约为 45～60 min。

漂白后用硫酸酸洗，酸洗液中硫酸浓度为 2～3 g/L，温度为 40～50℃，堆置时间 10～15 min，然后用 1～2 g/L 硫代硫酸钠脱氯。

（3）起绒。一般经退浆、漂白、烘干的半制品可直接起绒，但有些品种需先浸轧柔软剂再起绒。柔软剂常采用非离子型柔软剂，如柔软剂 101 或硬脂酸乳化液，用量为 10～15 g/L。绒布原来是平纹或斜纹组织，需要经过机械勾起，使纬纱起绒。起绒机是由 12 根或 18 根（每两根为一组）、直径为 8～9 cm、包有钢丝针布的小刺毛辊等距离安装于大辊筒外所组成的，针的弯向分成顺向和逆向。运转时，一组刺毛辊将纬纱的纤毛拉出，另一组刺毛辊则将拉出的纤毛梳理一下，起到梳毛和退毛的作用。织物的起绒需反复进行 6～8 次，在起绒过程中，要注意绒毛是否短、密、均匀以及强力损伤的程度。

（4）洗绒。经起绒机拉过的绒布呈柔软绒毛状态，但在起绒过程中，有些纤维被拉断成短绒而附在绒布的表面。这些短绒必须除去，否则在印花时会造成印花疵病，如拖色、拖浆、嵌花筒或粘网等。在染色时，这些短绒易起球而造成色点或染色不匀，故需 3～4 格平洗处理。

思考与练习

1. 灯芯绒前处理的主要工序是什么？
2. 绒布前处理的主要工序是什么？

第三节　色织物的前处理

学习目标

1. 了解纯棉色织物的整理工艺。
2. 了解涤棉色织物的整理工艺。
3. 了解其他色织物的整理工艺。

色织物（又称色织布）是用色纱（线）（包括漂白、本白纱和原纱）织成的织物，其花型变化多，花色新颖，色泽鲜艳，美观大方，因此深受消费者喜爱。

色织布的品种规格很多，用途也很广，可以分成线呢、色织哔叽、色织元贡呢、色织绒布、条格布、被单布、线府绸以及沙发布、箱里布、雨布等。色织物的前处理是在色织物的整理过程中进行的。根据色织物的特点和不同用途，其整理加工工艺可分为纯棉色织物的整理工艺、涤/棉色织物整理工艺、色织中长纤维织物整理工艺。

一、纯棉色织物的整理工艺

1. 小整理工艺（半整理工艺）

（1）工艺流程。坯布准备→烧毛→水洗→拉幅→检验、分等、包装。该工艺较简单，不经过退浆、煮练、漂白及丝光等前处理加工。织物经翻布缝头后，直接进行烧毛或再轧光、预缩、上浆等整理加工。

（2）工艺特点。该工艺多用于深色线呢，成本低，产品布面平整、光洁、硬挺。如果色纱是用硫化染料染制的深色色泽，应进行防脆处理，以免日久脆损。

2. 大整理工艺

凡在纯棉色织物整理过程中，必须经过练漂、丝光、整理的工艺称为大整理工艺。

（1）大整理后织物的品质。织物经丝光处理后，染色牢度、色泽鲜艳度、布面光洁度、手感、吸湿性和缩水率等方面都获得不同程度的改善。对有特殊要求的纯棉织物来说，若再经过漂白及荧光增白，可进一步提高其白度和染色后的色泽鲜艳度。

（2）常用的大整理工艺

1）丝光整理工艺（深色织物整理）

①适用范围。深、中色及织物中白色纱量少的纯棉色织产品。浅色纯棉色织产品若采用不耐漂的染料也可采用此工艺。但经过丝光后，织物的白度受到一定影响。

②工艺流程。翻布缝头→烧毛→退浆→烘干→丝光→烘干→上柔软剂拉幅或树脂防缩整理→检量、分等、包装。

注意丝光引起的织物变色现象和条格织物的纬斜。

2）漂白、丝光整理工艺（轻漂大整理）

①适用范围。白度要求较高的中、浅色以及白纱占 1/4 以上的纯棉色织产品，色纱选用耐漂白的还原染料等染色的纯棉色织物。

②工艺流程。翻布缝头→烧毛→退浆→漂白→丝光→烘干→上柔软剂拉幅或树脂防缩整理→检量、分等、包装。

③漂白剂。采用双氧水、次氯酸钠（绳状）或荧光增白剂。白度要求高的可在丝光后进行复漂，荧光增白可结合定幅或柔软整理在拉幅机上进行。

3）煮练、丝光整理工艺（练漂大整理）

①适用范围。白纱占 1/4 以上的府绸、细纺等色织物，织物中色纱的染料应能耐漂（还原染料）。

②工艺流程。翻布缝头→烧毛→退浆→煮练→漂白→丝光→复漂（或同时增白）→拉幅→丝光→预缩→检量、分等、包装。

(3) 各工序工艺条件及要求

1) 原布准备。应加强检验，分清规格，将不同色泽和不同染料染色的色织物分开堆放。

2) 烧毛。应特别注意提花组织织物和柳条等稀薄织物的烧毛，不能刷毛，同时烧毛不能过重，以免擦伤布面，损伤布身，造成次品。

3) 煮练。常用碱剂为纯碱和肥皂，用量分别为 10～12 g/L 和 3～4 g/L，具体工艺条件要根据纯棉色织物中色纱的耐碱煮牢度决定，煮练温度不宜过高，耐煮色纱可取 75～80℃，不耐煮色纱取 60～70℃，时间约为 4～6 h。

4) 漂白。双氧水或次氯酸钠漂白，漂液浓度应较高，因为煮练的工艺条件缓和，要通过漂白去除残存的天然杂质。漂白时，一般有效氯浓度为 2.5～3 g/L，对不耐漂染料，要先试验再确定漂白工艺。

5) 复漂。白地面积较大的纯棉色织物在丝光后应进行复漂，复漂时漂液浓度应低些，有效氯浓度为 1～1.5 g/L。

二、涤棉色织物整理工艺

1. 深色涤棉织物的整理工艺

(1) 适用范围。深色涤/棉织物的色纱基本采用分散染料和还原染料染色，织物中几乎无白纱。

(2) 工艺流程。翻布缝头→烧毛→退浆（平幅）→丝光→热定形→后整理。

(3) 工艺条件。参考一般涤/棉织物的前处理。

2. 不漂浅色涤棉色织物整理工艺

(1) 适用范围。漂白纱和部分不耐漂色纱织成的浅色涤/棉色织物。

(2) 工艺流程。翻布缝头→烧毛→退浆→丝光→涤增白→热定形→皂洗、烘干→后整理（热风拉幅机上进行棉增白）。

3. 漂白浅色涤棉色织物整理工艺

(1) 适用范围。漂白纱和耐漂色纱织成的浅色涤/棉色织物。

(2) 工艺流程。翻布缝头→烧毛→退浆→漂白（次氯酸钠或过氧化氢）→丝光→涤增白→热定形→皂洗、烘干→后整理（热风拉幅机上进行棉增白）。

三、色织中长纤维织物整理工艺

1. 产品的种类

主要有涤粘色织中长纤维织物和涤/腈色织中长纤维织物等。

2. 产品的风格

主要是仿毛风格，具有良好的弹性和柔软厚实的手感。

3. 加工的关键

在织物处于松弛或低张力状态时加工，以保证成品的手感柔厚丰满，富有弹性，呢面平整，光泽柔和，毛型感强。

4. 工艺流程

烧毛→退浆（精练松弛）→热定形等工序。

思考与练习

1. 纯棉色织物的整理工艺有哪些?
2. 常用的大整理工艺主要有哪几种? 每种工艺有何特点? 工艺流程是什么?

第四节　含氨纶弹性织物的前处理

了解棉氨双弹织物的前处理。

由于手感柔软、具有较高的弹性，含氨纶弹性织物穿着舒适，人体活动时无紧固压迫感，同时能显现出人的体型美，深受消费者青睐。

含氨纶弹性织物的分类有很多，按弹性方向性分为纬弹、经弹和经纬双弹织物，目前以纬弹织物较多。按织物组织分为平纹（府绸）、斜纹（纱卡）、缎纹（贡缎）、色织（牛仔）、绒类（灯芯绒、平绒）等，以平纹（府绸）、斜纹（纱卡）、色织（牛仔布）类较多；按弹性大小分为高弹性织物（拉伸率为30%～50%，回复率为5%～6%）、中弹性织物（拉伸率为20%～30%，回复率为2%～5%）和低弹性织物（拉伸率为20%以下），以中低弹性织物较多。按氨纶与各种纤维混纺交织分为如下类型：二元混纺（交织）弹性织物主要有棉/氨、锦/氨、麻/氨、丝/氨、涤/氨、粘/氨、毛/氨等弹性织物，以棉/氨、锦/氨的纬弹织物较多；三元混纺（交织）弹性织物主要有棉/锦/氨、锦/棉/氨、锦/粘/氨、锦/毛/氨、涤/棉/氨、涤/粘/氨、涤/毛/氨、粘/棉/氨等弹性织物，以棉/锦/氨、锦/棉/氨、涤/棉/氨、粘/棉/氨的弹性织物较多；多元混纺（交织）弹性织物。

一、氨纶的物化特性

氨纶属疏水性纤维，吸湿性小，弹性特别好，其弹性伸长率是纺织纤维中最高的，可达400%～500%；弹性回复率也高，可达95%～99%。氨纶属热塑性纤维，软化点为160℃，安全熨烫温度小于150℃，热定形最高允许温度小于190℃。氨纶的热性能决定了它在染整加工中的耐受温度及加工温度。氨纶在常温下耐稀酸和稀碱，其耐酸性比耐碱性好得多，此处还耐还原剂及耐不含有效氯的氧化剂和漂白剂。氨纶可进行干洗，可选用汽油、四氯乙烯、四氯化碳、氯苯、二甲苯、丙酮、酒精等溶剂去除有机污物；极性大的溶剂如二甲基甲酰胺（DMF）、二甲基乙酰胺（DMA）、环己酮、苯酚及其衍生物，含有效氯的化合物如退浆剂亚溴酸钠、漂白剂次氯酸钠、亚氯酸钠等不能用于氨纶织物的处理。

二、含氨纶弹性机织物前处理工艺

1. 工艺流程

根据含氨纶弹性织物的含浆情况、织纹组织、纤维的种类及弹性（纬弹或经纬双弹）等情况，前处理工艺流程可分为下列七类。

（1）含淀粉浆料 50%，掺 PVA、CMC 和聚丙烯酸类等多品种混合浆料的平纹和较少卷边的斜纹含氨纶弹性织物的前处理工艺流程：

酶退浆 → 轧碱汽蒸煮练 → 烧毛 → 氧漂 → 预定形 → 丝光 → 染印

酶退浆 → 碱氧一浴汽蒸煮漂 → 烧毛 → 氧漂 → 预定形 → 丝光 → 染印

酶退浆 → 烧毛 → 冷轧堆 →（复氧漂）→ 预定形 → 丝光 → 染印

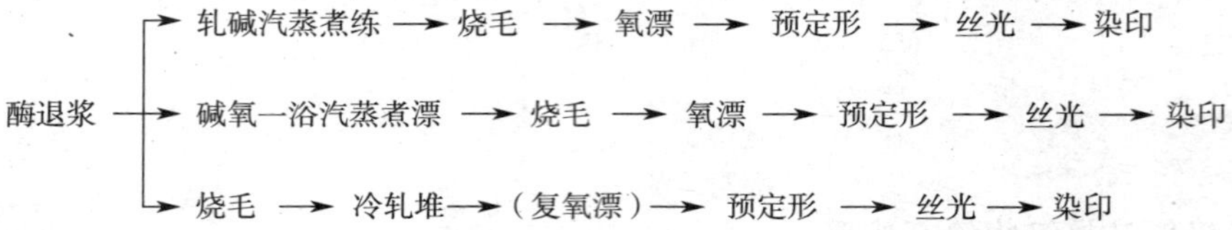

（2）任意组合浆料、会严重卷边的斜纹含氨纶弹性织物的前处理工艺流程：

烧毛→冷轧堆→轧去冷堆残液→浸轧低浓氧漂液→汽蒸40~45 min→高效蒸洗→烘干→定形→丝光→染印

烧毛→冷轧堆→等速染缸水洗氧漂→烘干→定形→丝光→染印

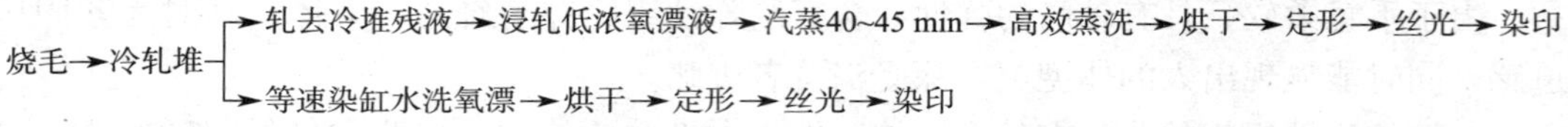

（3）含化学浆料和变性淀粉浆料、正反面织纹组织相同的平纹和斜纹含氨纶弹性织物的前处理工艺流程：退煮合一汽蒸→烧毛→氧漂→预定形→丝光→染印。

（4）棉/涤/氨三元纬弹织物（经向为棉、纬向为涤/氨）的前处理工艺流程：轻烧毛→酶退浆→汽蒸煮练→氧漂→预定形→丝光→染印。

（5）粘/棉/氨三元纬弹织物（经向为粘胶纤维，纬向为棉/氨纤维）的前处理工艺流程：烧毛→酶退浆→碱一氧一浴汽蒸煮漂→预定形→丝光→染印。

（6）棉/氨经纬双弹织物的前处理工艺流程：

酶退浆 → 预定形 → 烧毛 → 冷轧堆 → 丝光 → 染印

（冷轧堆 → 氧漂 → 丝光）

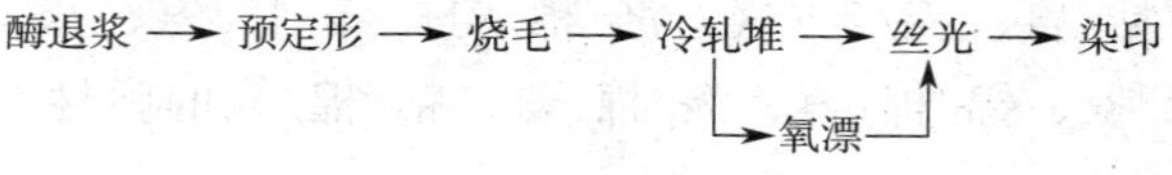

（7）棉/氨经纬双弹白坯牛仔布的前处理流程：坯布定形→烧毛→酶退浆→碱一氧一浴汽蒸煮漂→预定形→染印。

2. 工艺处方和条件

（1）酶退浆

配方：BF－7658 淀粉酶 1.5 kg，食盐 3 kg，中性渗透剂 1 kg，加水合成 500 L。

工艺条件：浸轧工作液温度 50～55℃，堆置温度 50～55℃，堆置时间 60 min，蒸洗温度 94～98℃，车速 45～50 m/min。

（2）碱一氧一浴汽蒸煮漂。碱一氧一浴工作液配方见表 6—4—1。

表 6—4—1　　碱一氧一浴工作液配方

	府绸类（14.6 dtex 以下/40 英支以上）	斜纹类（18.2 dtex 以上/32 英支以下）
烧碱（滴定）(g/L)	32～36	36～40
稳定剂 AR—750（g/L）	10	12
水玻璃（g/L）	5	
耐碱渗透剂 PSO（g/L）	3	
精练剂 LP（g/L）	10	
螯合剂 HSY（g/L）	1	
双氧水（100%，滴定）(g/L)	9～9.5	11～12

工艺条件：浸轧工作液温度为夏季室温，冬季 35℃；汽蒸温度 100～102℃；汽蒸时间 55～60 min；蒸洗箱温度 90～95℃；水洗箱温度 90～95℃；车速 35～45 m/min。

（3）退煮合一轧碱汽蒸煮练。退煮合一轧碱汽蒸煮练配方见表 6—4—2。

表 6—4—2　　退煮合一轧碱汽蒸煮练配方

	府绸类（14.6 dtex 以下/40 英支以上）	斜纹类（18.2 dtex 以上/30 英支以下）
烧碱（滴定）(g/L)	35～40	45～50
水玻璃（g/L）	8	
耐碱渗透剂 PSO（g/L）	3	
精练剂 LP（g/L）	8～10	
螯合剂 HSY（g/L）	1	

工艺条件：浸轧工作液温度 70～75℃，汽蒸温度 100～102℃，汽蒸时间 60～70 min，蒸洗箱温度 95～98℃，水洗箱温度 80～85℃，车速 40～45 m/min。

（4）双氧水漂白。双氧水漂白工作液配方见表 6—4—3。

表 6—4—3　　双氧水漂白工作液配方

	府绸类（14.6 dtex 以下/40 英支以上）	斜纹类（18.2 dtex 以上/30 英支以下）
烧碱（滴定）(g/L)	4～4.5	5～5.5
稳定剂 106（g/L）	4	5
水玻璃（g/L）	4	5
精练剂 SCO（g/L）	4	5
螯合剂 HSY（g/L）	1	
用烧碱调节后的工作液 pH 值	10.5～11	

工艺条件：浸轧工作液温度，夏季室温，冬季 35℃；汽蒸温度 100～102℃；汽蒸时

间 50～60 min；洗箱温度 90～95℃；水洗箱温度 75～85℃；车速 40～45 m/min。

（5）冷轧堆。冷轧堆工作液配方见 6—4—4。

表 6—4—4　冷轧堆工作液配方

	府绸类（14.6 dtex 以下/40 英支以上）	斜纹类（18.2 dtex 以上/32 英支以下）
烧碱（滴定）（g/L）	30～35	36～40
水玻璃（g/L）	6	
耐碱渗透剂 PSO（g/L）	6	
精练剂 KRD—1（g/L）	8	
稳定剂 KRD—3（g/L）	8	
螯合剂 HSY（g/L）	1	
双氧水（100%，滴定）（g/L）	8.5～9.5	10～11

在 30～35℃环境下慢速回转堆置 20～24 h，再浸轧双氧水工作液，配方见表 6—4—5。

表 6—4—5　工作液配方

	浸轧槽	高位槽（三倍量）
双氧水（100%，滴定）（g/L）	4～5	
双氧水（27%，滴定）（g/L）	50	
水玻璃（g/L）	2	6
精练剂 SCO（g/L）	3	9
螯合剂 HSY（g/L）	2	6

工艺条件：浸轧工作液温度 35～40℃，轧液率 110%～115%。

（6）预定形。工艺条件：温度 185～195℃，热区时间 20～40 s。

（7）丝光。工艺条件：烧碱浓度（滴定）前 190～200 g/L，（滴定）后 180～190 g/L；浸轧浓碱至开始冲淡碱的时间不低于 50 s；冲淋淡碱浓度 40～55 g/L（温度 60℃以上）；蒸洗箱温度 95～98℃；水洗箱温度 80～90℃；丝光落布幅宽比成品宽 5～7.5 cm。

三、含氨纶弹力织物的染整加工注意要点

含氨纶弹力织物的染整加工，必须注意其复合体（指含氨纶弹力织物，以下同）的染整特性与单独纤维的染整特性的区别。要使弹力织物达到一定的弹性、尺寸稳定性、布面平整、色泽多样的外观风格，除要平衡好复合体中各种纤维的性能外，还应注意加工过程中的张力、高温或长时间的湿热处理对氨纶物理性能的影响，仔细选择工艺条件和设备。例如，氨纶不耐高温，更不宜长时间湿热处理，所以不能采用湿热定形工艺；与涤纶混纺时，干热定形温度也不宜超过 190℃；与棉混纺时，只能采用

氧漂工艺。该类产品在整个加工过程中应尽量在低张力状态下进行，特别是经纬双向弹力织物在最后1～2道工序的加工中更应注意保持低张力，以保证产品的各项性能指标。

思考与练习

含氨纶弹性织物在前处理加工中有哪些常见疵病？如何防止？

第五节　纱线的前处理

熟悉棉纱线的前处理。

棉纱线在染色前都必须经过前处理，以除去棉纤维中的果胶、蜡质等天然杂质。由于棉纱线中不含浆料，因此只需煮练、漂白即可，丝光应根据加工要求而定。

棉纱线前处理加工形式分为绞纱和筒子纱两种。近年来，牛仔织造用纱线的经轴加工比较普遍。

一、煮练

棉纱线煮练的目的、要求、煮练助剂及其作用原理都与棉织物煮练相同。主要用剂是烧碱，烧碱用量根据原纱含杂量、纱的结构以及煮练后的不同工序要求而定。如含各类杂质较多的纱、股线与粗支纱，常压煮纱锅中煮练的纱，煮练后需丝光漂白及冰染料和还原染料染色的纱，煮练时烧碱量应适当增加，这样对煮练纱的匀透性、渗透性有利。

1. 绞纱及筒子纱的准备

（1）绞纱的准备。可以链状或捆状进行，以链状绞纱形式居多。棉纤维采用链状绞纱进行前处理有利于前处理的连续化生产，并提高产量，但缺点是连接处不易煮透、煮匀。

（2）筒子纱的准备。筒子纱准备是将棉纱线通过络筒机络到标准的筒管上，有柱形、锥形两种，筒周围分布有均匀的小孔，筒管材料为不锈钢、塑料或非织造物等。在绕线过程中，要调节控制好纱线的张力及卷绕速度，使纱线在筒管上的卷绕密度均匀一致，以保证煮练处理效果均匀。

2. 煮练设备与工艺

（1）设备。有常压或高压煮纱锅两种。使用常压煮纱锅时，链状绞纱堆置在煮纱锅内。常压煮练依靠锅底部的倒喇叭管使煮练液受热煮沸后产生对流，并由下向上从喇叭管口溢出，从而产生煮练液循环。高压煮纱锅又可分为立式和卧式两种。立式煮纱锅应用较广，其结构与立式煮布锅类似，由煮纱锅锅身、加热器、象鼻式堆纱机等组成。煮纱锅的容量有2 t、2.5 t、3 t、4 t、5 t等多种规格。卧式高压煮纱锅的锅身呈横卧圆筒状，圆筒的一端设有可开启密闭的门，锅内可容两辆堆纱车，堆纱车经由铁轨进出煮纱锅。其他装置如循环、加热装置及附件都与立式相同。卧式煮纱锅可在锅外装纱出纱，进出煮纱锅方便，但占地大，应用不广。

（2）工艺流程（以立式煮纱锅为例）。拆包→串纱→装锅→煮练→热水洗→冷水洗→出锅→酸洗→水洗→堆置。

（3）工艺处方。烧碱（400 g/L）4%，表面活性剂1%，36%硅酸钠（相对密度为1.4）0.5%，亚硫酸钠0.4%，软水剂0.1%。

（4）工艺条件

1）浴比。高压煮纱锅浴比为1∶5，浴比过小，纱线会露出煮练液，使煮练不均匀，还易造成氧化脆损，因此用常压煮纱锅煮练时浴比要适当放宽，并保持液量。但浴比过大，易使棉纱浮动，导致纱绞紊乱。

2）温度与时间。煮练温度以高温为好，可以缩短煮练时间。常压煮练5～7 h（以达到沸点后计算），煮后闷纱2 h；高压煮练3.5 h（从达到沸点后计算）。涤棉混纺纱、维棉混纺纱只宜常压煮练，煮练时也可用纯碱。

（5）操作要求。基本流程：配液保温、绞串、堆匀、进料、煮练。

对于半练的产品，煮练药剂用量适当减少，并降低工艺条件；而对低级棉配棉纺成的纱线，药剂用量及工艺条件均应适当增加，以利于去除杂质。煮练后的纱先在锅内用热水和冷水循环洗涤，出锅后再用冷流水充分洗净，然后堆放在纱池内，用湿布盖好，以防止局部风干。

3. 煮纱质量及常见疵病

（1）润湿性能。用毛细管效应来表示，一般要求毛效平均在10 cm/30 min以上。低温染色用的经纱的毛血管效应在13.5～15 cm/30 min。

（2）含杂情况。用纱线中蜡状物质、含氮物质和果胶质的残存量来表示。

（3）煮练洗净后的纱线pH值应为7～8，断裂强度不低于原纱。

（4）常见的煮练疵病。生斑、碱斑、钙斑、黄斑、棉纱脆损及乱纱。

4. 纱线煮练实例

（1）清水煮纱。元贡呢色纱采用硫化元（青）染纱，劳动布用硫化蓝染纱。为减少色斑、红筋，两者都不经过碱煮，染色后色光好，但色牢度稍差。清水煮纱不用任何化学药品，在100℃清水中浸放1.5～2 h即可。

（2）碱液煮纱。纯棉纱用烧碱（100%）12～14 g/L，130℃煮练3～4 h，然后排液冲洗，出锅的纱线pH值应为7～8。65/35涤棉混纺纱用烧碱3～4 g/L，100℃煮3 h，排液冲水1 h出锅。50/50维棉混纺纱用烧碱6～7 g/L，80℃煮练3～4 h，排液冲洗。也可用纯碱煮练，除纯碱外，煮练液还加入工业皂粉及洗涤剂，80℃煮3～4 h。

二、漂白

棉纱漂白的目的、要求、漂白用剂及漂白原理与棉织物漂白相同。链状绞纱煮练后，不必拆纱链即可漂白，这样煮练和漂白可以连续进行。

棉纱线漂白可以进行氯漂或氧漂。氯漂的漂白方式有淋漂（又称浸漂）和轧漂。漂白设备有煮纱锅和纱笼液流式染纱机等。

1. 漂白工艺与设备

（1）氧漂。氧漂通常在煮纱锅中进行，双氧水（100%）浓度为2～3 g/L，时间2 h左右。也可在纱笼液流式染纱机中进行氧漂，如图6—5—1所示。该机又分为常温常压型和高温高压型。

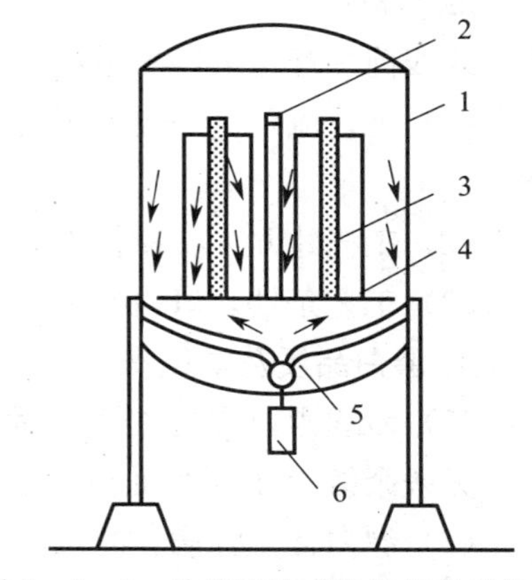

图6—5—1 纱笼液流式染纱机的结构

1—染槽 2—纱笼架 3—喷管 4—纱笼 5—泵 6—电动机

处理前将绞纱堆放在纱笼中，盖好上盖，拧紧后将纱笼吊入染槽，盖紧锅盖。处理液可由纱笼中间的喷管向四周喷出回流，经过一段时间后，处理液换向循环。一般一个纱笼架上装有3～5个纱笼。

（2）氯漂

1）淋漂法。淋漂在淋漂池中进行。

①工艺流程。淋漂液→淋水→脱氯→淋水→堆置沥干→拆纱链→脱水。

②工艺处方及条件。NaClO（有效氯）0.8～1.0 g/L，pH值8.5～10，温度为室温，时间40～60 min。

③操作要求。淋漂池中链纱堆置要均匀，淋洒要循环，淋洒过程中必须逐步补充新鲜漂液。淋洒结束后，按顺序进行水洗、淋酸中和、水洗。

2）轧漂法

①工艺流程。轧漂液→透风→轧酸→水洗→脱氯→水洗。

②工艺处方和工艺条件。与淋漂法基本相同，但其漂液浓度略高，NaClO（有效氯）可取1.5～2.0 g/L，堆置时间为20～30 min。

③轧漂设备。由浸轧槽、轧辊、导辊及透风装置等组成，如图6—5—2所示。

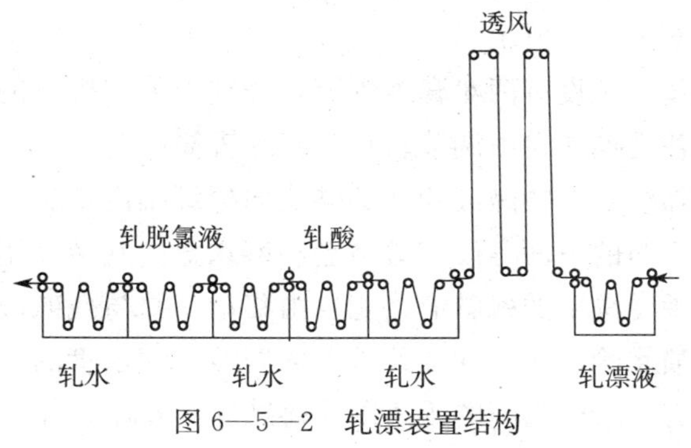

图6—5—2 轧漂装置结构

2. 煮漂一步法

纱线前处理也可以采用短流程工艺，它比棉布短流程前处理工艺更加方便、易行。

（1）工艺流程。一般采用过氧化氢煮、漂合一进行，其工艺与棉布练漂一步法基本类似。

（2）工艺处方。双氧水（30%）10 g/L，35%泡花碱 9 g/L，复配精练剂 FZ 2 mL/L。

（3）工艺条件。pH 值 10.5～11，浴比 1∶6，温度 95～100℃，时间 4 h。

3. 漂白品质及常见疵病

（1）纱线漂白质量主要指标。漂白纱线的质量应达到洁白、匀净、无污渍、无斑点、无残余氯，纱线表面 pH 值 7～8，纱线断裂强度不低于漂白前的 96%。

（2）漂白常见疵病。漂斑、钙斑、黄斑、纱线脆损、乱纱。

三、增白

除漂白纱线外，纱线煮、漂后一般不必增白。需增白的在脱氯后淋洒或浸轧增白液即可。漂白纱用荧光增白剂 VBL，浓度为 0.2～0.4 g/L，处理温度为 50℃左右，pH 值为 8～9。

四、丝光

1. 丝光的方式

不能以筒子纱形式进行丝光，而是摇成绞纱后再丝光。棉纱线丝光的目的和效果与棉布相同，丝光工艺基本类似。

2. 丝光工艺条件

（1）丝光前纱线含水率。一般在 65%左右。

（2）丝光碱液浓度。260～280 g/L。

（3）丝光温度。室温。

（4）丝光浸碱时间。一般为 120～150 s。

（5）丝光张力。控制在纱线丝光前后长度不变为宜。

（6）丝光后水洗。去碱越净越好，最后纱线表面 pH 值应为中性。

3. 丝光设备

（1）双臂式绞纱丝光机。双臂式绞纱丝光机可分为半自动和自动式两种。双臂式绞纱丝光机的结构如图 6—5—3 所示。

自动双臂式绞纱丝光机设有两对套纱辊筒，分别安装在机身的左右两边。套纱辊筒间的距离和转向的交替更换能自由调节。每对套纱辊筒中有一只辊筒，其上面设有一只硬橡胶轧辊，用于轧除绞纱上的碱液和帮助碱液向棉纤维内渗透。轧辊能自由升降，由油泵加压。每对套纱辊筒的下面各设有盛碱盘和盛水盘。盛碱盘用于盛丝光碱液，能自由升降；盛水盘用于承受洗下的残碱液，能自由移动，并与残碱液储槽相通。套纱辊筒上面或中间设有两根喷水管，用于冲洗绞纱上的碱液。喷水管的启闭能自动控制。半自动双臂绞纱丝光机仅有套纱辊筒间的距离以及盛碱盘的升降能自动控制。

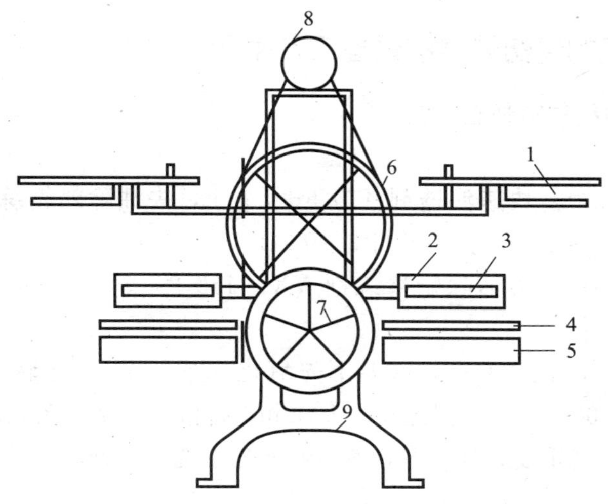

图 6—5—3　双臂式绞纱丝光机的结构

1—理纱架　2—套纱辊筒　3—轧辊　4—盛水盘　5—盛碱盘　6—带轮　7—张力调节轮　8—电动机　9—铁架

（2）回转式绞纱丝光机。回转式绞纱丝光机的 8 对套纱辊筒呈放射状安装在机身中心的回转装置上，如图 6—5—4 所示。套纱辊筒回转、辊间距离、转向交替、盛碱盘和轧辊的升降、喷水管启闭等都能自动控制，此机适用于较大规模的纱线丝光生产。

绞纱丝光多采用湿纱丝光，因为浸轧压力小，干纱丝光不易浸透。湿纱含湿量要求均匀，一般掌握在 60%左右，脱水后的待丝光纱如储放时间较久，丝光前应重新水洗、脱水。

酸洗可以在喷射式绞纱洗纱机上进行，如图 6—5—5 所示。

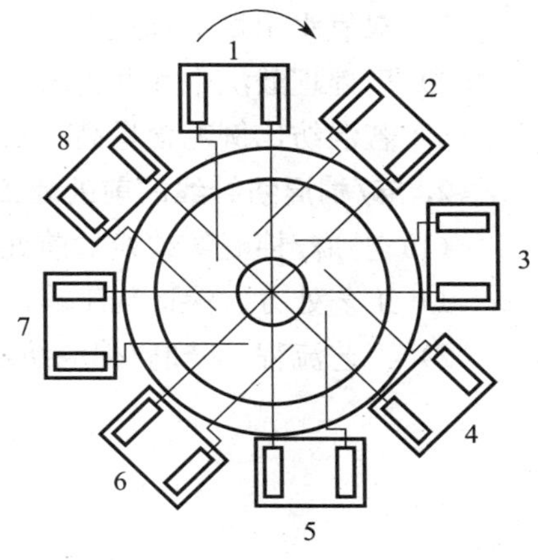

图 6—5—4　回转式绞纱丝光机

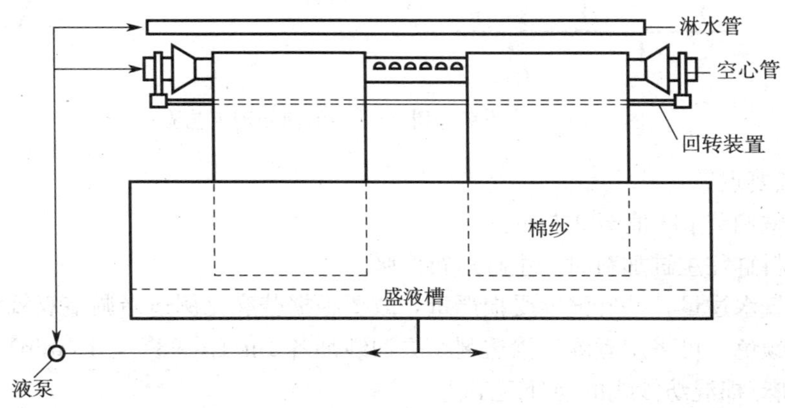

图 6—5—5　喷射式绞纱洗纱机

五、几种常见的混纺纱线前处理工艺举例

1. 毛/棉混纺纱线的前处理工艺

（1）工艺处方

1）氧化（第一浴）。快速渗透剂 T 0.5～1 g/L，去油除蜡精练剂 YX－150 3～5 g/L，25%双氧水 8～10 g/L，小苏打 3～5 g/L。

2）还原（第二浴）。去油除蜡精练剂 YX－150 2～3 g/L，雕白块或漂毛粉 3～4 g/L，小苏打 3～5 g/L。

（2）工艺条件。浴比 1∶30，室温下先氧化（第一浴），运转 10～15 min；继以1℃/min速度升温至 60～65℃，保温 60～80 min，排液，水洗 1 次。还原（第二浴），再按上述工序，以还原浴重复处理一遍，然后经充分水洗，待染。

（3）注意要点

1）用小苏打调整 pH 值：浓度为 8 g/L，调节至 8.5。

2）从加料缸往主缸加料时，主缸运行内洗。

3）双氧水用量不宜过大，否则羊毛受损。

4）后处理酸洗中和并去氧。

5）若混纺比例毛含量高、棉含量低，可根据色光要求免做棉的漂白。

2. 麻/棉混纺纱线的前处理工艺

（1）苎麻/棉混纺纱线的前处理工艺

1）工艺处方。渗透剂 1 g/L，螯合分散剂 1 g/L，纯碱 2 g/L，双氧水 3.5 g/L。

2）工艺流程。苎麻/棉混纺纱线的前处理工艺流程如图 6—5—6 所示。

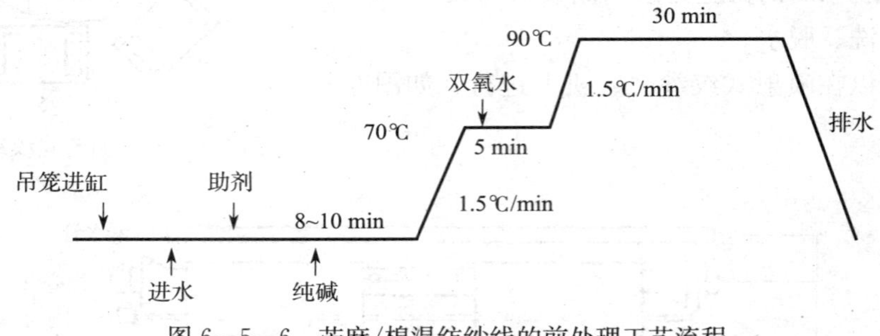

图 6—5—6　苎麻/棉混纺纱线的前处理工艺流程

3）注意要点

①用纯碱调节 pH 值至 9 左右。

②从加料缸往主缸加料时，主缸运行内吸。

③若双氧水过量，苎麻强度受损严重，故要根据苎麻比例适当调整双氧水用量。

④根据颜色，可采用煮纱（渗透剂、去油纱剂各 1 g/L，98℃，15 min）即可。

（2）亚麻/棉混纺纱线的前处理工艺

1）工艺处方。烧碱 2 g/L，双氧水 6 g/L，保险粉 0.8 g/L。

2）工艺流程。亚麻/棉混纺纱线的前处理工艺流程如图 6—5—7 所示。

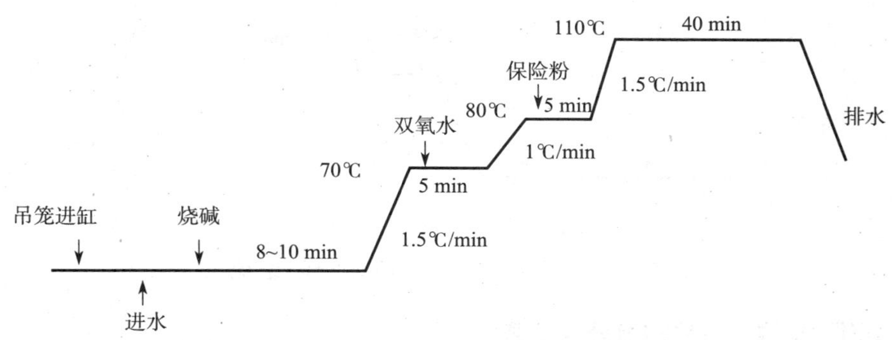

图 6—5—7　亚麻/棉混纺纱线的前处理工艺流程

3）注意要点

①用纯碱调节 pH 值至 9 左右。

②从加料缸往主缸加料时，主缸运行内吸。

③由于亚麻的麻丝很难去除，所以采用氧化一还原一浴工艺。

④从加料缸加保险粉时，用冷水化保险粉，不要用回流水，水位可通过预留水位来控制。

⑤在做漂白之前，先用烧碱、渗透剂、去油纱剂各 1.5 g/L，110℃下处理 30 min。

3. 天丝/棉混纺纱线的前处理工艺

天丝纤维（Tencel）是 20 世纪 90 年代开发的新型纤维素纤维，采用 NMMO 纺丝工艺生产而成，被称为“21 世纪的绿色环保纤维”。该纤维同时具备天然纤维和合成纤维的特点，以及吸湿透气、强力好、抗静电、色泽鲜艳持久、手感柔软滑爽、穿着舒适，且具有极佳的悬垂性、丝一般的光泽和手感等特点，因此深受消费者喜爱。天丝具有良好的可纺性，应用领域广泛，能纯纺或与任何其他纤维混纺。在所有天丝产品中，天丝/棉织物因穿着形态优美、饱满，且季节适应性长，越来越受到市场的青睐。

（1）碱一氧一浴法。NaOH 5 g/L，精练剂 TA－109 3 g/L，渗透剂 JFC 1 g/L，$H_2O_2$6 g/L，浴比 1∶50，温度 95℃，时间 60 min。

（2）酶一氧一浴法。煮练酶 JN－600 5%（owf），精练剂 TA－109 3 g/L，渗透剂 JFC 1 g/L，H_2O_2 8 g/L，浴比 1∶50，温度 60℃，时间 60 min。

（3）注意要点

1）用纯碱调节 pH 值至 9 左右。

2）从加料缸往主缸加料时，主缸运行内吸。

3）根据天丝比例，并结合颜色色光，可采用煮染工艺。

4. 竹/棉混纺纱线的前处理工艺

（1）工艺处方。渗透剂 1 g/L，螯合分散剂 1 g/L，烧碱 1 g/L，双氧水 5 g/L。

（2）工艺流程。竹/棉混纺纱线的前处理工艺流程如图 6—5—8 所示。

（3）注意要点。同“天丝/棉混纺纱线的前处理工艺”中“注意要点”。

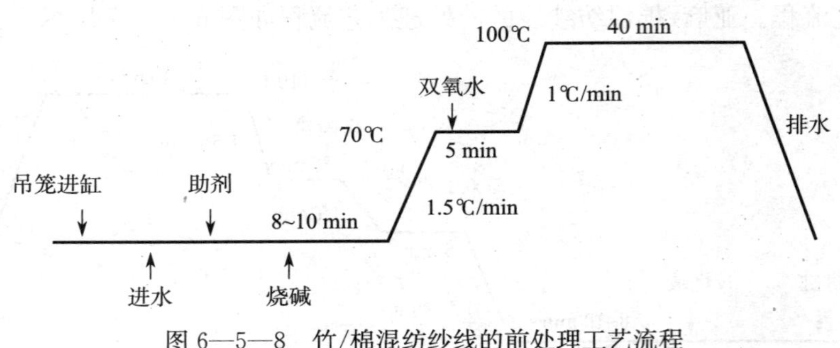

图 6—5—8　竹/棉混纺纱线的前处理工艺流程

5. 涤/竹/棉混纺纱线的前处理工艺

(1) 工艺处方。渗透剂 1 g/L，螯合分散剂 1 g/L，去油纱剂 1 g/L，纯碱 2 g/L，双氧水 3 g/L。

(2) 工艺流程。涤/竹/棉混纺纱线的前处理工艺流程如图 6—5—9 所示。

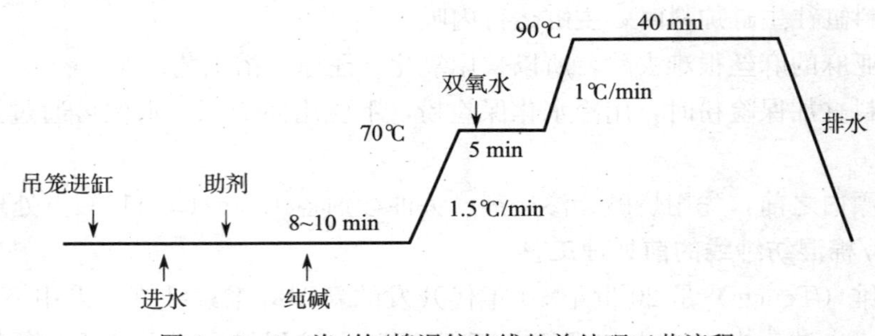

图 6—5—9　涤/竹/棉混纺纱线的前处理工艺流程

(3) 注意要点。同“天丝/棉混纺纱线的前处理工艺”中“注意要点”。

思考与练习

1. 煮纱质量如何评定？常见疵病有哪些？

2. 纱线漂白质量如何评定？常见疵病有哪些？